교육청·대학부설 영재교육원 면접 완벽 대비

안쌤과 함께하는

영재교육원
면접 특강

시대에듀

머리말

코로나19 바이러스로 인해 우리 사회에 다양한 변화가 일어나고 있습니다. 특히 4차 산업혁명으로 미리 준비했던 비대면 화상수업이 빛을 보게 되었고, 평범한 일상도 빠른 속도로 변해가고 있습니다.

영재교육원 입시에도 많은 변화가 생기고 있습니다. 오프라인 지필 평가 대신 서류 전형에 동영상 평가를 추가하는 영재교육원, 지필 평가를 폐지하고 면접 평가만 진행하는 영재교육원, 온라인 면접 평가를 진행하려고 준비하는 영재교육원 등 영재교육대상자를 선발하기 위해 다각도로 새로운 방법을 시도하고 있습니다.

코로나19 바이러스의 영향이 아니더라도 4차 산업혁명으로 언택트(Untact) 채용이 활성화되면서 AI 면접을 도입하는 기업들이 증가하고 있습니다. 안쌤 영재교육연구소에서는 성인을 대상으로 AI 면접 프로그램을 개발한 시대교육의 도움을 받아 영재교육원 AI 면접 온라인 프로그램을 개발했습니다. AI 면접 온라인 프로그램은 면접 기출문제와 예상문제가 학년별, 분야별로 구분되어 있어 영재교육원 면접을 효과적으로 준비할 수 있습니다. 또한, 이 프로그램을 제대로 활용할 수 있도록 면접의 핵심 내용을 담은 안쌤과 함께하는 영재교육원 면접 특강 도서를 기획 · 출간했습니다.

영재교육원 면접을 준비하기 위해

1단계 안쌤과 함께하는 영재교육원 면접 특강 도서를 읽으면서 영재교육원 면접에 대한 이해를 하고 분야별 예상질문에 답변해 봅니다.

2단계 영재교육원 AI 면접 온라인 프로그램으로 실전 연습을 하면서 얼굴 표정, 목소리, 자세 등을 확인하고 AI가 분석한 내용으로 자신의 답변을 보완해 봅니다.

3단계 영재교육원 면접 전문가의 도움을 원하시는 경우 1 : 1 면접 온라인 컨설팅을 신청하면 영재교육원 면접 전문가의 도움을 받을 수 있습니다.

많은 학생들이 안쌤과 함께하는 영재교육원 면접 특강 도서와 영재교육원 AI 면접 온라인 프로그램으로 영재 교육원 면접을 준비해 합격의 영광을 누릴 수 있기를 바랍니다.

안쌤 영재교육연구소 대표 안재범(안쌤)

안쌤이 생각하는
영재교육원 대비 전략

1. 학교 생활 관리: 담임교사 추천, 학교장 추천을 받기 위한 기본적인 관리
- 교내 각종 대회 대비 및 창의적 체험활동(www.neis.go.kr) 관리
- 독서 이력 관리: 교육부 독서교육종합지원시스템 운영

2. 흥미 유발과 사고력 향상: 학습에 대한 흥미와 관심을 유발
- 퍼즐 형태의 문제로 흥미와 관심 유발
- 문제를 해결하는 과정에서 집중력과 두뇌 회전력, 사고력 향상

▲ 안쌤의 사고력 수학 퍼즐 시리즈 (총 14종)

3. 교과 선행: 학생의 학습 속도에 맞춰 진행
- '교과 개념 교재 ➡ 심화 교재'의 순서로 진행
- 현행에 머물러 있는 것보다 학생의 학습 속도에 맞는 선행 추천

4. 수학, 과학 과목별 학습
- 수학, 과학의 개념을 이해할 수 있는 문제해결

▲ 안쌤의 STEAM + 창의사고력
수학 100제 시리즈
(초등 1, 2, 3, 4, 5, 6학년)

▲ 안쌤의 STEAM + 창의사고력
과학 100제 시리즈
(초등 1, 2, 3, 4, 5, 6학년)

5. 융합사고력 향상

- 융합사고력을 향상시킬 수 있는 문제해결로 구성

◀ 안쌤의 수 · 과학 융합 특강

6. 지원 가능한 영재교육원 모집 요강 확인

- 지원 가능한 영재교육원 모집 요강을 확인하고 지원 분야와 전형 일정 확인
- 지역마다 학년별 지원 분야가 다를 수 있음

7. 지필평가 대비

- 평가 유형에 맞는 교재 선택과 서술형 답안 작성 연습 필수

▲ 영재성검사 창의적 문제해결력
모의고사 시리즈
(초등 3~4, 5~6, 중등 1~2학년)

▲ SW 정보영재 영재성검사
창의적 문제해결력 모의고사 시리즈
(초등 3~4, 초등 5~중등 1학년)

8. 탐구보고서 대비

- 탐구보고서 제출 영재교육원 대비

◀ 안쌤의 신박한 과학 탐구보고서

9. 면접 기출문제로 연습 필수

- 면접 기출문제와 예상문제에 자신
  만의 답변을 글로 정리하고, 말로
  표현하는 연습 필수

◀ 안쌤과 함께하는 영재교육원 면접 특강

이 책의 차례

제1장

영재교육원 면접의 이해와 전략   1

STEP 1   서울시 교육청 영재교육대상자
          선발 매뉴얼의 면접 평가 분석   4

STEP 2   면접 평가 분석   6

STEP 3   면접관이 질문을 통해
          알고자 하는 것   8

STEP 4   면접관의 오류   10

STEP 5   면접 대비 체크리스트   11

제2장

실전 모의 면접 특강-인성   13

01   창의 인성 면접   18

02   실전 모의 인성 면접
      교육청 영재교육원   19
      대학부설 영재교육원   22

03   예상 모의 인성 면접   26

제3장

실전 모의 면접 특강-수학   29

01   실전 모의 수학 면접
      교육청 영재교육원   30
      대학부설 영재교육원   34

02   예상 모의 수학 면접   38

제4장

실전 모의 면접 특강-과학   41

01   실전 모의 과학 면접
      교육청 영재교육원   42
      대학부설 영재교육원   46

02   예상 모의 과학 면접   50

제5장

실전 모의 면접 특강-발명   53

01   실전 모의 발명 면접
      교육청 영재교육원   54
      대학부설 영재교육원   58

02   예상 모의 발명 면접   62

제6장

실전 모의 면접 특강-정보   65

01   실전 모의 정보 면접
      교육청 영재교육원   66
      대학부설 영재교육원   70

02   예상 모의 정보 면접   74

CONTENTS

제7장

실전 모의 면접 특강-토론   77

01 거울에 비친 모습과
     사진에 찍힌 모습 비교하기   80

02 녹음된 내 목소리와
     내가 듣는 내 목소리 비교하기   81

03 내가 보는 내 모습과
     내가 듣는 내 목소리   82

04 토론 주제 발표   83

05 토론 진행   84

06 토론 평가 체크리스트   90

부록

Ⅰ 성격 유형 검사

01 성격 유형 검사지   92

02 나의 성격 유형 찾기   96

03 내 성격의 장점과 단점   100

Ⅱ 면접 대비 방법

01 면접의 순서 및 자세   101

02 면접 연습 방법   104

03 제출한 서류와 관련된 면접 질문   106

Ⅲ 영재교육원 면접 기출문제

01 인성 면접 기출문제   108

02 수학 면접 기출문제   110

03 과학 면접 기출문제   112

04 발명 면접 기출문제   114

05 정보 면접 기출문제   115

Ⅳ 자기소개서 작성 요령

01 자기소개서   116

02 자기소개서를 쓰는 이유   116

03 자기소개서를 쓰기 전에
     해야 할 일   117

04 자기소개서 작성 요령   118

05 자기소개서 샘플   122

Ⅴ 영재성 입증 자료

01 영재성 입증 자료   128

02 영재성 입증 자료 작성 요령   128

03 영재성 입증 자료 예시   131

Ⅵ AI 면접 온라인 프로그램

01 AI 면접이란 무엇인가?   132

02 AI 면접의 구성   133

03 완벽한 AI 면접 대비   135

04 AI 면접에 대한 Q&A   140

영재교육원 면접 대비

안쌤과 함께하는
영재교육원 면접 특강

제 1 장

영재교육원 면접의
이해와 전략

Check 1

리더십 자가 체크리스트

〈서울시 교육청 영재교육대상자 선발 매뉴얼 참고〉

방법 자신이 습관처럼 편안하고 자연스럽게 행동하는 것과 가깝다고 생각되는 정도를 점수로 표시하세요.

구분			개념적 정의	점수
개인 내 특성	비전과 추진	비전	미래에 대한 명확한 목표를 주도적으로 세우고 계획하여 행동함	5 4 3 2 1
		자신감	긍정적 자아개념을 바탕으로 자신의 미래 성취 가능성에 대해 믿음	5 4 3 2 1
		추진력	목표를 향해 계획을 세우고, 이에 맞추어 밀고 나가는 능력	5 4 3 2 1
		자기 관리	자신의 행동을 스스로 조절하고, 시간과 금전 등의 자원을 계획적으로 사용할 뿐 아니라 자기 계발을 위해 계획하고 실천함	5 4 3 2 1
	도전 정신	호기심	새롭고 신기한 것을 좋아하고 궁금해함	5 4 3 2 1
		모험심	위험하더라도 새로운 상황이나 일을 시도하고자 함	5 4 3 2 1
	의사 결정력	상황 판단	문제 상황에서 빠르고 정확하게 문제를 분석, 판단하여 해결함	5 4 3 2 1
		공정	옳고 그름을 합리적으로 판단하여 공평하게 일을 처리함	5 4 3 2 1
	의로움	정직	속이지 않고 자신의 양심을 지키며 옳은 일을 실천함	5 4 3 2 1
		신의	타인과의 약속을 반드시 지킴	5 4 3 2 1
	과제 책임감	성실	자신이 맡은 일에 최선을 다함	5 4 3 2 1
		책임감	맡은 일을 끝까지 완수하고 책임지고자 함	5 4 3 2 1

구분			개념적 정의	점수
개인 간 특성	대인 관계 와 조직 능력	대인 관계	사람들과 잘 어울리며, 인기와 유머 감각이 있음	5 4 3 2 1
		의사 표현	자기 생각과 감정을 정확하게 전달할 수 있는 능력이 있음	5 4 3 2 1
		조직 관리	조직의 구성원들에게 동기를 부여하고 의사결정에 주도적 역할을 함으로써 영향력을 발휘함	5 4 3 2 1
		카리 스마	의사소통과 공감하는 능력이 뛰어나 사람들을 따르게 함	5 4 3 2 1
	타인과 공동체 배려	타인 배려	타인의 상황과 감정을 이해하며, 의견과 선택을 존중하고 배려함	5 4 3 2 1
		사회 헌신	자신의 능력, 물질, 시간 등을 사회를 위해 사용할 마음이 있으며, 주변 상황에 관심을 가지고 변화시키고자 함	5 4 3 2 1
		팀워크	공동의 목표 달성을 위해 자기의 역할에 충실하며, 협조적으로 행동함	5 4 3 2 1

나의 개인 내 특성 _____ 점

개인 간 특성 _____ 점

영재교육원 면접의 이해와 전략

STEP 1 서울시 교육청 영재교육대상자 선발 매뉴얼의 면접 평가 분석

관찰·추천에 의한 영재교육대상자 선발 최종 단계는 인성 및 심층 면접이다. 면접을 통해 인성뿐만 아니라 사교육에 의한 선행학습 요인을 배제하고, 창의성과 과제집착력 등 보다 다양한 학생의 특성을 확인한다.

① 면접 방법

영재교육대상자 선발을 위한 면접은 개별 심층 면접으로, 질문지 등을 활용한 지시적 면접 방식으로 진행된다. 학생은 면접 고사장에 들어가기 전 면접 준비실에서 주어진 시간 동안 문항지를 보고 답안을 미리 생각한 후 면접에 참여한다.

② 면접 문항 예시

 영역 공통

1. 여러분이 철수라면 다음 상황을 어떻게 해결할 수 있을까요?

> 철수네 집에서 경복궁까지 지하철로 서른 정거장이나 가야 한다. 철수네 집에서 가장 가까운 지하철역은 환승역이어서 사람들이 붐비므로 자리에 앉아 갈 수 없다. 철수와 친구는 앉아 가기 위해 경복궁역 반대 방향으로 두 정거장을 갔다가, 다시 경복궁 방향으로 가는 지하철을 탔다. 그 결과 철수와 친구는 자리에 앉아 갈 수 있었다. 그런데 얼마 지나지 않아 갓난아이를 안은 아주머니가 철수와 친구의 가운데 섰다.

2. 여러분이 지원한 분야와 관련하여 흥미를 느끼고 오랫동안 집중해서 한 일은 무엇인가요? 그때의 느낌은 어땠는지 말해 보세요.

3. 삼십 년 후 나는 어떤 직업을 갖고 있을까요? 그 직업이 다른 사람들에게 어떤 도움을 줄 수 있는지 3가지 말해 보세요.

※ 학생이 쓴 자기소개서의 주요 내용을 질문하거나 영역에 따라 특정 주제를 정하여 심층 면접 방식으로 진행해도 무방하다.

➔ 영재교육지원센터에서 개발한 검사 도구로 평가하는 영역별 면접 점수

분야 \ 영역	리더십 (자아정체성)	문제해결 능력	창의적 태도	계
수학, 과학, 발명, 정보	4점	3점	3점	10점

자아정체성(자아정체감)이란?

자기 자신의 독특성에 대해 안정된 느낌을 갖는 것으로, 행동 · 사고 · 느낌의 변화에도 불구하고 내가 누구인가를 일관되게 인식하는 것이다. 개인의 자아정체성은 4개의 기본 차원으로 구성되어 있다.

① **인간성 차원:** 각 개인은 인간이라는 느낌
② **성별 차원:** 남성 혹은 여성이라는 느낌
③ **개별성 차원:** 각 개인은 독특하다는 느낌
④ **계속성 차원:** 시간 경과에도 불구하고 동일한 사람이라는 인식

안정된 자아정체성을 형성하기 위해서는 신체적 · 성적 성숙, 추상적 사고 능력의 발달, 정서적 안정이 선행되어야 하며 동시에 부모나 또래 집단의 영향으로부터 어느 정도 자유로울 수 있어야 한다.

Q

자아정체성에서 부모나 또래 집단의 영향으로부터 어느 정도 자유로울 수 있어야 한다는 것은 무엇을 의미할까요?

- 부모나 또래 집단의 영향을 받지 않을 수 있는 자기 확신이 있어야 한다.
- 다른 사람에 의해 흔들리지 않을 수 있는 자아를 형성해야 한다.

Q 2012학년도에서는 면접을 점수화하지 않았는데, 2013학년도부터는 왜 점수화하는 것일까요?

면접의 중요성을 알리고, 면접을 잘 준비해서 면접장에 오도록 하기 위해서이다.

또한, 점수화하여 총점으로 상대평가를 하기 위해서이다.

2012학년도 면접은 적격 여부만 확인한다고 요강을 공지해서 면접 준비를 하지 않은 학생들은 대부분 불합격했다. 2013학년도부터 인성·심층 면접으로 명칭을 변경하여 인성 면접과 심층 면접을 준비하라는 부분을 명시했다. 2016학년도에는 면접 평가로 10점 만점의 평가를 한다는 것을 인지시키기 위해 명칭을 변경했다.

'담임 추천(20)+지필 평가(70)+면접 평가(10)'로 최종 합격자를 정한다. 동점자인 경우에는 면접 결과가 높은 사람 우선, 창의적 문제해결력 평가(검사)에서 총 득점이 높은 사람 우선으로 합격자가 결정된다.

영재교육대상자로서 적격한지 확인하기 위해 점수가 상위권인 학생은 면접 질문을 가볍게 해서 적격 여부를 확인하고, 커트라인 주변인 학생은 변별력 있는 질문으로 적격 여부를 확인한다.

STEP 3 면접관이 질문을 통해 알고자 하는 것

➜ 대학부설 영재교육원 면접관이 합격시킨 학생은?

Yes	No
• 평범한 질문에 독특한 답변을 한다. • 서류상의 내용과 면접장에서 답변하는 내용이 일치한다. • 추천서에 추상적인 칭찬보다 구체적 사례를 통한 방법이 담겨 있다.	• 질문 내용을 듣자마자 외운 내용을 확인하는 듯 허공을 보며 답변한다. • 포트폴리오의 주제와 방식이 여러 학생과 일치한다. • 자기소개서와 포트폴리오 내용을 정확하게 모른다.

Q 면접관은 질문을 통해 알고자 하는 것은 무엇일까요?

- 사교육 없이 공부한 학생인가? 아닌가?
- 질문 내용을 듣자마자 외운 내용을 확인하는 듯 이야기하는가?
- 자기소개서나 포트폴리오를 스스로 작성했는가?
- 독서기록장에 쓴 내용을 알고 있는가?
- 자아정체성이 있는가?
- 자신만의 뚜렷한 가치관이 있는가?

Q

면접관이 합격시키고 싶은 학생은 누구일까요?

- 평범한 질문에 자기 생각을 넣어서 개성 있는 답변을 하는 학생
- 서류상의 내용과 관련된 질문에 자신 있게 답변하는 학생
- 명확한 꿈과 동기, 일관된 경험, 실제 사례를 잘 표현한 자기소개서를 제출한 학생
- 영재교육원 수업의 분위기를 좋게 이끌어 수업을 즐겁게 만들어 줄 것 같은 학생

Q

면접관이 합격시키고 싶지 않은 학생은 누구일까요?

- 제출한 서류 내용을 모르는 학생
- 평범한 답변을 하는 학생
- 자기소개서나 포트폴리오를 작성할 때 다른 사람의 도움을 받은 내용을 솔직히 답하는 학생
- 어디선가 많이 본 내용으로 구성, 두루뭉술한 경험, 일관되지 않은 경험, 평범한 꿈과 동기로 작성된 자기소개서를 제출한 학생
- 영재교육원 수업을 잘 적응하지 못하고 수업 분위기를 흐릴 것 같은 학생

면접관의 오류

면접관의 오류	
① 시각적 효과에 의한 오류 (호감 가는 외모가 성품도 좋아 보이는 오류)	37.5 %
② 후광효과에 의한 오류 (높은 점수 등으로 평가하는 오류)	16.2 %
③ 투사 효과 심리 오류 (면접관의 선호도에 따라 평가하는 오류)	13.0 %
④ 대비 효과 오류 (옆 지원자와 상대적으로 비교되어 보이는 오류)	9.5 %
⑤ 시간 지배에 의한 면접관의 오류 (면접 시간이 길어질수록 피로하여 느슨하게 평가하는 오류)	6.3 %
기타	17.5 %

＊후광효과: 외모나 지역 또는 학력과 같이 어떤 사람이 갖고 있는 한 가지 장점이나 매력 때문에 관찰하기 어려운 다른 성격적인 특성들도 좋게 평가하게 되는 것

Q

면접관의 오류로 좋은 평가를 받을 수 있는 방법은 무엇일까요?

- 단정한 헤어스타일과 복장을 한 경우
- 듣기 좋은 목소리로 답하며, 틀려도 자신 있고 시원하게 답변을 하는 경우

Q

면접관의 오류로 좋지 않은 평가를 받을 수 있는 경우는 무엇일까요?

- 후광효과가 좋은 학생과 같이 면접을 볼 경우
- 면접 번호가 뒤쪽인 경우
- 면접관이 싫어하는 복장과 헤어스타일을 한 경우

면접 대비 체크리스트

시기별로 해야 할 일을 확인하고 꼼꼼히 준비합니다.

시기	영역	확인 사항	확인
서류 합격 후 면접 2일 전	예상 질문 작성	지원 동기 관련 질문	☐ 예 ☐ 아니오
		친구 관계 관련 질문	☐ 예 ☐ 아니오
		장래 희망 관련 질문	☐ 예 ☐ 아니오
		지원자의 성격 관련 질문	☐ 예 ☐ 아니오
면접 1일 전	제출 서류 검토	자기소개서 또는 영재성 입증 자료 등 제출 서류 내용 확인	☐ 예 ☐ 아니오
	면접 리허설	예상 질문에 대한 답변 연습	☐ 예 ☐ 아니오
	면접 코디 준비	목욕 및 샤워	☐ 예 ☐ 아니오
		옷, 깔끔하고 단정한 모습	☐ 예 ☐ 아니오
		헤어스타일, 깔끔하고 단정한 모습	☐ 예 ☐ 아니오
	소지품 준비	수험표, 수험번호 확인	☐ 예 ☐ 아니오
		공지사항의 면접 준비물 확인	☐ 예 ☐ 아니오
		가방, 필기구, 손목시계	☐ 예 ☐ 아니오
	면접 장소	면접 장소 위치 확인	☐ 예 ☐ 아니오
		교통편과 소요 시간 확인	☐ 예 ☐ 아니오
면접 당일	코디 점검	옷, 헤어스타일, 손톱 확인	☐ 예 ☐ 아니오
	소지품	준비된 소지품 확인	☐ 예 ☐ 아니오
면접장 대기	면접 30분 전 도착	시간 지키기	☐ 예 ☐ 아니오
	핸드폰 전원 끄기	핸드폰 상태 확인	☐ 예 ☐ 아니오
	최종 점검	입실 전 전체적인 점검	☐ 예 ☐ 아니오

안쌤과 함께하는
영재교육원 면접 특강

제2장

실전 모의 면접 특강
-인성-

Check 1

도덕적 가치 검사지

〈교육개발원 참고〉

방법 ▶ 검사 내용을 읽고 자신의 생각이나 행동과 비슷한 부분에 체크하세요.

	검사 내용	된다	안 된다
1	길을 가다 우연히 제과점을 보니 빵이 참 맛있게 보이는데 빵을 사 먹을 돈이 없었어요. 이럴 때 제과점에서 빵을 훔쳐도 되나요?		
2	선생님께서 심부름을 시키셨는데 먼저 물이 먹고 싶었어요. 수돗가에 갔더니 많은 아이들이 줄을 서 있었어요. 이럴 때 선생님께서 시킨 심부름을 빨리하기 위해 새치기해서 물을 먹어도 되나요?		
3	친구와 만나기로 약속했는데 엄마가 갑자기 피를 흘리며 쓰러지셔서 병원에 모시고 가야 해요. 이럴 때 친구와의 약속을 지키지 않아도 되나요?		
4	친구와 재미있게 놀고 있는데 선생님께서 지나가시는 것을 보았어요. 이럴 때 인사하기가 싫으면 선생님께 인사를 하지 않아도 되나요?		
5	같은 반 친구가 가난해서 학용품을 사지 못하는 것을 보고 도와주고 싶어요. 이 사실을 부모님께 말씀드렸는데 돈을 주시지 않았어요. 이럴 때 친구를 도와주려고 거짓말을 해서 돈을 타도 되나요?		
6	피를 많이 흘리는 환자를 태운 택시가 도로를 빠르게 달려가는데 차가 멈춰야 하는 빨강 신호등이 켜진 네거리가 나왔어요. 이럴 때 환자를 빨리 병원에 데리고 가기 위해서 택시가 멈추지 않고 그냥 달려도 되나요?		

	검사 내용	된다	안 된다
7	방과 후에 친구와 만나기로 약속했는데, 배가 고파서 집에 빨리 가고 싶어요. 이럴 때 남아 있지 않고 집에 가도 되나요?		
8	지하철에 앉아 있는데 바로 옆에 할머니께서 서 계셨어요. 그러나 몸이 너무 아파서 일어날 수가 없었어요. 이럴 때 할머니께 자리를 양보하지 않아도 되나요?		
9	엄마가 매우 편찮으셔서 약을 드시지 않으면 돌아가실 수 있어요. 약값이 너무 비싸 돈을 마련할 수가 없어요. 약국 아저씨께 사정을 이야기하고 다음에 꼭 갚을 것을 약속했지만 안 된다고 하셨어요. 이럴 때 엄마를 살리기 위해 약을 훔쳐도 되나요?		
10	길 건너편에 있는 가게에 가려고 하는데 횡단보도가 너무 멀리 있어서 귀찮아요. 이럴 때 횡단보도로 가지 않고 그냥 길을 건너가도 되나요?		
11	친구와 함께 선생님께서 시킨 심부름을 하러 가다가 친구가 다쳐서 양호실에 데려다주어야 해요. 이럴 때 심부름을 하지 않아도 되나요?		
12	엄마가 많이 다치셔서 급히 병원을 가는 길에 선생님께서 지나가시는 것을 보았는데 인사할 겨를이 없었어요. 이럴 때 선생님께 인사를 하지 않아도 되나요?		

Check 2

나의 도덕적 가치 덕목은?

방법 ▶ 체크한 문항 수가 가장 많은 것이 나의 도덕적 가치 덕목입니다. 동일한 수가 있다면 자신이 더 중요하다고 생각하는 도덕적 가치 덕목을 선택하면 됩니다.

나의 도덕적 가치 덕목 찾기

문항 번호	1, 5, 9	2, 6, 10	3, 7, 11	4, 8, 12
'안 된다'라고 체크한 문항 수				
도덕적 가치 덕목	정직	질서	책임	예의

나의 도덕적 가치 덕목은 _____ 이다.

Check 3

도덕적 가치 덕목 검사 문항에 대한 자신의 생각을 써보자

Tip

도덕적 가치 덕목 검사 문항은 각 3개씩입니다. 도덕적 가치 검사지에는 문항마다 그렇게 생각한 이유를 작성하게 되어 있는데, 시간이 부족하다면 안 된다고 생각하는 문항에 대해서만이라도 이유를 작성해 보는 것이 좋습니다. 이런 부분은 면접 시 인성 문제로 나올 수 있기 때문에 이유를 작성하는 것은 의미가 있습니다.

문항 번호	안 된다고 생각한 이유	도덕적 가치 덕목
1		정직
2		질서
3		책임
4		예의
5		정직
6		질서
7		책임
8		예의
9		정직
10		질서
11		책임
12		예의

실전 모의 면접 특강 – 인성

01 창의 인성 면접

1 문항 유형

문항 유형	내용
인성	학생의 사고와 태도 및 행동 특성을 파악
학문적성	창의적 문제해결 수행과 관련 있는 학문적 지식 확인
창의성	영재의 중요한 특성 중의 하나인 창의성 확인
과제집착력	창의적 수행과정과 관련된 문항으로 과제집착력 확인

2 인성 면접 예시

💡 영역 공통

여러분이 철수라면 다음 상황을 어떻게 해결할 수 있을까요?

철수네 집에서 경복궁까지 지하철로 서른 정거장이나 가야 한다. 철수네 집에서 가장 가까운 지하철역은 환승역이어서 사람들이 붐비므로 자리에 앉아 갈 수 없다. 철수와 친구는 앉아 가기 위해 경복궁역 반대 방향으로 두 정거장을 갔다가, 다시 경복궁 방향으로 가는 지하철을 탔다. 그 결과 철수와 친구는 자리에 앉아 갈 수 있었다. 그런데 얼마 지나지 않아 갓난아이를 안은 아주머니가 철수와 친구의 가운데 섰다.

교육청 영재교육원

1. 자신이 영재교육원에 합격해야 하는 이유를 말해 보세요.

Tip 자신의 관심사, 좋아하는 과목, 장래 희망 등과 연관 지어 답변한다.

예시답안

저희 외할아버지댁은 비닐하우스에서 방울토마토를 재배하십니다. 방울토마토꽃이 필 때 나비와 벌 대신 붓으로 인공수분해 주었더니 토마토가 열리고 자라 익었습니다. 저는 이런 과정을 보면서 식물에 관심을 가지게 되었고, 식물학자가 되어 식물에 대해 더 깊이 연구하고 싶어졌습니다. 그래서 저는 과학을 더 많이 접할 수 있는 과학 영재교육원에서 재미있고 즐겁게 심화된 공부를 하고 싶습니다.

2. 쉬는 시간에 교실에서 다른 친구들과 어울리지 못하는 아이가 있습니다. 나라면 어떻게 할 것인지 말해 보세요.

Tip 영재교육원에서는 대부분 팀으로 탐구하고 학습하므로 갈등 해소 능력, 친구를 포용하는 마음, 다른 사람의 감정을 공감하는 능력 등을 확인하는 질문이 많다. 협동과 협업 다음으로는 배려, 양보, 존중, 예의, 포용, 소통 등이 강조되고 있다.

예시답안

다른 친구들과 잘 어울리지 못하는 친구는 내성적이고 조용한 경우가 많습니다. 그래서 처음부터 많은 친구들과 함께 놀자고 하면 부담스러워할 수 있으니 간단한 부탁을 하면서 조금씩 친해져 함께 어울릴 수 있도록 할 것입니다.

3. 다음과 같은 상황에서 모둠원들은 민수의 행동을 선생님께 말씀드려야 할지, 하지 말아야 할지 말해 보세요.

> 민수네 학급은 오늘 미술 시간에 협동화 그리기를 했습니다. 민수는 자기가 맡은 그림에 색칠도 안 하고 놀기만 했습니다. 끝날 시간이 되자 모둠원들은 마음이 급한 나머지 민수의 그림까지 함께 색칠해서 제출했습니다. 선생님께서는 민수네 모둠의 협동화가 가장 멋있다고 칭찬해 주시며 모둠원 전체에게 스티커를 한 장씩 주셨습니다. 모둠원들은 민수가 협동화는 그리지도 않고 놀기만 했는데 스티커를 받았다는 사실을 선생님께 말씀드려야 할지, 말아야 할지 고민했습니다.

Tip 모둠 활동에서 자주 발생할 수 있는 상황이다. 모둠 활동에서 주로 1명이 주도적으로 하고 1~2명이 참여를 하지 않는 경우가 발생하기도 한다. 협동화나 조별 과제 등을 해결할 때 참여하지 않는 친구가 생기면 대부분 한두 번 이야기하고 그래도 참여하지 않으면 선생님께 말씀드린다. 그러나 이번 상황은 민수에게 색칠하라고 이야기하는 사람도 없었고, 선생님께 말씀드리지도 않은 상황에서 민수를 빼고 협동화를 마무리했다. 모둠원들이 민수의 행동을 선생님께 말씀드린다면 모둠원들이 민수와 협동하려고 노력하지 않은 부분이 드러난다. 따라서 선생님께 말씀드리는 부분보다는 민수와 협동하기 위해 어떻게 해야 하는 것이 좋을지에 대한 해결 방안을 이야기하는 것이 좋다.

예시답안

- 말씀드릴 것입니다. 민수는 협동화 그리기에서 자신의 역할을 다 하지 않고 스티커를 받았습니다. 이것은 다른 친구들의 노력을 빼앗는 것이며 옳지 못한 행동이라고 생각하기 때문입니다.
- 말씀드리지 않을 것입니다. 대신 민수가 왜 그렇게 행동했는지 물어보고, 특별한 이유가 있었다면 그 이유를 해결해 줄 것입니다. 민수에게 잘못된 행동을 이야기해 주고, 같은 일이 다시 일어나지 않도록 하게 할 것입니다.

4. 몸이 너무 아파 일찍 조퇴한 지성이는 버스를 타고 집으로 가고 있었습니다. 그때 할머니 한 분이 버스에 올라타 지성이 앞에 서 계셨습니다. 이때 지성이는 어떻게 행동해야 좋을지 이유와 함께 말해 보세요.

> **Tip** 어떤 행동을 하든지 그 행동에 대한 논리적인 근거를 들어야 한다. 각 행동을 했을 때의 예상되는 결과까지 생각해 선택해야 한다.

예시답안

- 몸이 아프지만 할머니를 위해서 자리를 양보해야 합니다. 어른을 공경하고 어른이 타면 자리를 양보해야 한다고 배웠기 때문입니다.
- 할머니에게 자리를 양보해야 합니다. 지성이가 몸이 아프지만 버스를 타고 집에 가려고 했으므로 할머니에게 자리를 양보할 수 있는 상태라고 볼 수 있기 때문입니다.
- 할머니께 자신이 아프다는 사실을 알려 드리고 계속 자리에 앉아서 가야 합니다. 자리를 양보했다가 지성이가 쓰러지면 할머니의 입장이 더 곤란해질 수 있기 때문입니다.

5. 조별 과제를 진행하는데 한 친구가 참여하지 않고 있다면 어떻게 할 것인지 말해 보세요.

예시답안

무엇을 해야 할지 몰라서 참여하지 않는 것일 수 있습니다. 먼저 모든 조원들과 함께 역할 분담을 하고 각자 해야 할 것을 정확히 알 수 있도록 하여 소외감을 느끼지 않도록 할 것입니다. 역할 분담을 확실히 했는데도 참여하지 않고 있다면 직접적으로 이야기하면 기분 나쁠 수 있으므로 일정한 시간 간격으로 조원들이 모두 모여 본인이 맡은 역할의 진행 정도를 이야기하는 시간을 가질 것입니다. 그러면 그 친구도 자극을 받아 열심히 참여할 수 있을 것 같습니다.

1. 오늘 방과 후에 부모님과 중요한 약속이 있는데 학급 전체 학생들이 대청소를 하기로 결정해 버렸습니다. 청소를 하고 간다면 부모님과의 약속을 지킬 수 없게 됩니다. 이런 경우 어떻게 할 것인지 말해 보세요.

 예시답안

－ 먼저 부모님과의 중요한 약속이 무엇인지 생각해 보겠습니다. 만약 식사나 쇼핑과 같이 미룰 수 있는 것이라면 부모님께 말씀드리고 청소를 하고 갈 것입니다. 그러나 미룰 수 없는 중요한 일이라면 친구들에게 이야기하고 먼저 갈 것입니다.

－ 단체생활에 피해를 주면 안 되므로 부모님께 말씀드리고 청소를 하고 갈 것입니다.

－ 개인적인 약속이지만 부모님과의 약속이 먼저였고 학급 대청소는 나중에 정해졌기 때문에 친구들에게 이야기하고 먼저 갈 것입니다. 대신 학급 대청소 중 나중에 혼자서 따로 할 수 있는 일을 제가 맡아서 할 것입니다.

2. 실험실에서 우리 조만 다른 조와 결과가 다르게 나왔다면 어떻게 할 것인지 말해 보세요.

 예시답안

먼저 실험 과정 중 잘못된 것이 있는지 확인할 것입니다. 만약 변인 통제를 잘못하여 다른 조와 실험 결과가 다르게 나왔다면, 다시 실험을 할 수 있는 시간과 여건이 되는지 알아보고 변인 통제를 제대로 해서 실험을 할 것입니다. 다시 실험을 할 수 있는 시간과 여건이 되지 않는다면, 변인 통제에서 실수한 부분으로 인해 달라진 실험 결과에 대한 실험 보고서를 작성할 것입니다. 실험 결과가 잘 나오지 않았더라도 다른 조의 결과와 비교해 결과에 영향을 주는 부분을 분석할 수 있으므로 실험 결과가 잘 나오지 않은 실험도 의미가 있다고 생각합니다.

3. 실험 도중에 나와 의견이 맞지 않아서 계속 말다툼을 하게 되는 친구가 있습니다. 이 친구와 같이 실험하는 것이 싫어진다면 어떻게 할 것인지 말해 보세요.

Tip 무조건 양보하고 상대방을 따라가겠다 또는 어떻게든 설득해서 상대방이 나를 따라오게 하겠다는 것은 바람직한 답변이 아니다.

 예시답안

- 의견이 맞는 부분은 같이 실험하고, 의견이 맞지 않는 부분은 각자 실험한 후 결과를 합쳐서 다양한 결론을 찾을 것입니다.
- 잠시 자료 조사하는 시간을 갖고, 각자 조사한 내용을 바탕으로 서로의 의견을 조율하여 더 효과적인 방법으로 실험을 할 것입니다.
- 반드시 같이 실험을 해야 하는 상황이라면 공평하게 각자 의견을 한 가지씩 내고 같이 실험할 것입니다.

4. 평소 자신이 부지런하고 성실하게 생활한다고 생각하는지 최근의 경험을 예로 들어 말해 보세요.

 예시답안

저는 부지런하고 성실하게 생활한다고 생각합니다. 성실함이란 목표를 이루기 위해 꾸준히 노력하고 계획하는 것입니다. 약 2년 동안 저는 매일 아침 일어나자마자 영어 문장을 5개씩 공부하고 있습니다. 글로벌 시대에 영어는 선택이 아니라 필수라고 생각합니다. 그러나 언어는 단기간에 잘할 수 있는 것이 아니기 때문에 매일 아침 꾸준히 공부하고 있습니다. 지금까지 아침에 꾸준히 한 영어 공부 덕분에 영어 실력도 많이 늘었고 자신감도 생겼습니다. 앞으로도 아침 영어 공부를 계속 이어갈 것입니다.

5. 시험 도중 친구가 부정행위 하는 것을 보았습니다. 하지만 나는 그 친구가 경제적으로 어려워 장학금을 타고 싶어 한다는 것을 알고 있었습니다. 친구는 좋은 성적을 받아 장학금을 타게 되었습니다. 이 경우 나라면 어떻게 할 것인지 말해 보세요.

 예시답안

부정행위는 나쁜 것이므로 먼저 친구에게 가서 선생님께 자신의 잘못을 말씀드리라고 할 것입니다. 만약 친구가 자신의 잘못을 말씀드리지 않는다면 선생님을 찾아가 내가 알고 있는 친구의 경제적 어려움을 말씀드리고 성적 장학금이 아닌 다른 방법으로 도움을 받을 수 있도록 방법을 찾아 달라고 부탁드릴 것입니다. 경제적으로 어렵다고 해서 부정행위가 정당화될 수 없다고 생각합니다.

6. 돌을 운반하여 돈을 버는 아프리카 아이들을 도와줄 수 있는 방법을 말해 보세요.

Tip 어른이 되어 돈을 벌어서 도와주겠다는 생각보다 지금 내가 할 수 있는 작은 도움을 생각해 말하는 것이 좋다.

 예시답안

- 아프리카 아이들의 친구가 될 수 있도록 편지를 씁니다.
- 아프리카의 상황을 주변 사람들에게 알립니다.
- 용돈의 일부를 기부금으로 냅니다.
- 여러 구호단체의 모금·기부·후원 활동을 통해 돕습니다.
- 신생아 살리기 모자 뜨기와 같이 아프리카 아이들을 도와줄 수 있는 캠페인에 참여합니다.

7. 다문화가정의 친구를 대하는 바람직한 태도를 2가지 말해 보세요.

Tip 우리나라는 단일민족이라는 생각을 버리고 민족의 다양성을 인정한다.

예시답안

- 피부 색깔, 종교, 부모님의 고향(국가) 등과 관계없이 대합니다.
- 미국, 일본 등의 선진국과 동남아시아, 아프리카 등의 개발도상국의 경제 수준에 관계없이 동일하게 대합니다.

8. 최근 반려동물이 사람에게 피해를 끼치는 사건이 자주 발생합니다. 이를 계기로 반려동물과 같이 외출할 때 목줄 착용과 맹견은 목줄뿐 아니라 입마개 착용이 의무화되었습니다. 반려동물을 키우는 사람과 키우지 않는 사람, 반려동물은 어떤 노력을 해야 하는지 말해 보세요.

Tip 반려동물을 키우는 사람, 키우지 않는 사람, 반려동물의 입장을 모두 이해하고 함께 살아갈 수 있는 방법을 생각해 본다.

예시답안

반려동물의 행동은 대부분 본성에서 나오는 것으로, 이 행동이 잘못된 행동이라는 것을 알지 못하고 하는 경우가 많습니다. 또한, 반려동물을 키우지 않는 사람들은 반려동물에 대한 경험과 지식이 없는 상태에서 반려동물의 본성을 자극하는 경우가 있습니다. 반려동물, 반려동물을 키우는 사람, 반려동물을 키우지 않는 사람들이 모두 함께 살아가기 위해서 모두에게 반려동물 교육이 필요하다고 생각합니다. 반려동물을 키우는 사람은 반려동물이 때와 장소에 맞게 행동할 수 있도록 교육을 해야 하고, 반려동물을 키우지 않는 사람들은 반려동물과 반려동물을 키우는 사람을 존중하고 매너를 지키려고 노력해야 합니다.

1. 청각 장애를 가지고 있는 친구 한지가 전학을 왔습니다. 한지는 친구들이 대화하고 있을 때 옆에 가서 스케치북에 말을 적어 달라고 하면서 반 친구들과 친해지려고 노력했습니다. 그런데 한지를 왕따시키고 괴롭히는 아이들이 생겼습니다. 그중 병철이는 한지를 가장 심하게 괴롭히고 점심시간에 한지의 보청기까지 부러뜨렸습니다. 이 경우 나라면 어떻게 할 것인지 말해 보세요.

〈출제: 박진국 선생님(리얼숲 영재아카데미)〉

· 나의 답안 ·

· 예시답안 ·

처음부터 한지가 괴롭힘을 당하지 않도록 옆에서 친구가 되어 주고 수화를 배워 한지와 대화를 나누려고 노력할 것입니다. 또한, 그동안 한지와 친해질 용기가 나지 않았다면 이번 사건을 계기로 한지와 친해지려고 노력할 것입니다. 친구들이 한지를 괴롭히는 것을 보고도 용기 있게 막지 못했던 것을 반성하고, 한지를 괴롭히지 말라고 친구들을 설득하고 선생님께 도움을 요청할 것입니다. 한지가 상처를 받아 전학을 간다면 정말 슬픈 일이고, 또 괴롭힘을 당하는 친구의 어려움을 그냥 내버려 두면 오히려 마음이 힘들고 불편할 것입니다. 그래서 최대한 한지를 도울 수 있는 방법을 찾아볼 것입니다.

2. 효민이는 한국에서 태어났지만 어렸을 때부터 캐나다에서 지내다가 초등학교 4학년 때 다시 한국으로 돌아왔습니다. 효민이는 한국어가 익숙하지 않아 선생님과 친구들의 말을 이해하는 데 어려움이 있고, 말을 할 때도 같은 말을 반복하거나 더듬거립니다. 친구들은 효민이와 같은 조가 되기를 꺼립니다. 내가 이번 조별 과제에서 효민이와 같은 조가 되었다면 어떻게 할 것인지 말해 보세요.

〈출제: 배정인 선생님〉

나의 답안

예시답안

효민이와 조원들이 큰 문제 없이 함께 과제를 진행할 수 있는 방법을 찾아볼 것입니다. 효민이가 문제를 잘 이해하지 못한다면 영어로 설명해 줄 수 있는 것은 영어로 설명해 줄 것입니다. 그리고 효민이의 이야기를 끝까지 듣고, 효민이가 친구들에게 전달하려는 의미가 맞는지 확인해 줄 것입니다. 또한, 효민이가 잘하는 부분이 어떤 것인지 물어보고 효민이를 배려하여 역할 분담을 하자고 조원들을 설득할 것입니다. 만약 효민이가 언어 때문에 너무 힘들어한다면 먼저 영어로 과제를 하게 하고, 이후에 번역을 하거나 선생님의 도움을 받아서 해결할 것입니다.

영재교육원 면접대비

안쌤과 함께하는
영재교육원 면접 특강

제3장

실전 모의 면접 특강
-수학-

실전 모의 면접 특강 - 수학

01 실전 모의 수학 면접

1. 부산 해운대 해수욕장 일일 피서객 수를 구하는 방법을 말해 보세요.

> **Tip** 위와 같은 페르미 추정의 문제는 정답이 없다. 원래 알고 있는 지식으로 푸는 것이 아니고 생각하는 힘을 묻는 것이기 때문이다. 답을 주장하는 데에 있어 논리적인 이유가 바탕이 된다면 올바른 추정이라고 할 수 있다.
>
> 페르미 추정법은 노벨 물리학상 수상자인 이탈리아의 물리학자 엔리코 페르미가 학생들의 사고력을 측정하기 위해 도입한 문제 유형에서 유래했다. 그래서 면접이나 창의적인 인력을 뽑을 때 많이 사용하고 있다.
>
> 대표적인 문제로,
>
> ① 집회에 참여한 사람은 몇 명일까?
>
> ② 피자집의 월 매출은 얼마일까?
>
> 이러한 문제들은 답을 정확히 계산해서 찾아내는 것보다 답을 찾아내는 논리적인 과정이 더 중요하다. 많은 오차가 발생할 수 있지만 우리가 어떤 결정을 내릴 때 전체 값에 대한 어떤 특정 값을 어느 정도 추측할 수 있어야 도움이 된다. 따라서 페르미 추정이 필요하다.

 예시답안

단위 면적 $1\,m^2$를 정하고 사람들이 빽빽하게 있는 경우와 여유 있게 있는 경우를 구분하여 단위 면적 안에 있는 사람 수를 셉니다. 해운대 해수욕장 전체 넓이를 구하고 사람들이 빽빽하게 있는 곳과 여유 있게 있는 곳의 비율을 정한 후, 경우별로 단위 면적당 사람 수를 곱합니다.

2. 자신의 머리카락의 개수를 구할 수 있는 방법을 말해 보세요.

 예시답안

- 단위 면적 1 cm²를 정하고 그 면적에 있는 머리카락의 개수를 셉니다. 자신의 머리 면적을 구한 후 단위 면적당 머리카락의 개수를 곱합니다.
- 머리카락 1개의 단면적을 구합니다. 긴 머리인 경우 머리카락을 하나로 묶어 단면적을 구하고, 머리카락 1개의 단면적으로 나눕니다.

3. 플라스틱 통에 좁쌀이 가득 있습니다. 좁쌀의 개수를 구할 수 있는 방법을 말해 보세요.

 예시답안

- 좁쌀 10g을 측정한 후, 그 좁쌀의 개수를 셉니다. 플라스틱 통에 담긴 좁쌀의 무게를 측정하여 10으로 나눈 후, 10g의 좁쌀의 개수를 곱합니다.
- 작은 컵에 좁쌀을 가득 담은 후, 좁쌀의 개수를 셉니다. 이 작은 컵으로 플라스틱 통에 든 좁쌀을 떠서 몇 컵이 되는지 확인한 후, 작은 컵의 좁쌀의 개수를 곱합니다.
- 작은 컵에 좁쌀을 가득 담아 좁쌀의 개수를 센 후, 좁쌀을 다른 그릇에 옮기고 작은 컵에 물을 가득 담아 부피를 측정합니다. 플라스틱 통의 좁쌀을 다른 그릇에 옮기고 플라스틱 통에 물을 가득 부어 플라스틱 통의 부피를 측정합니다. 플라스틱 통의 부피가 작은 컵의 부피의 몇 배인지 구한 후, 작은 컵의 좁쌀의 개수를 곱합니다.

4. 다음 조건을 바탕으로 서울시에 필요한 적정 미용사 수는 몇 명일지 말해 보세요.

- 일인당 연평균 미용실 이용 횟수: 5회
- 서울시 인구: 1,000만 명
- 미용사의 근무일 수: 월 25일
- 미용사 한 명이 하루 동안 받을 수 있는 손님 수: 15명

Tip 페르미 추정은 대략적인 답을 얻기 위한 추정 방법이므로 정확한 수보다는 평균이나 연산하기 쉬운 수로 추정하여 문제를 해결하는 것이 좋다.

 예시답안

❶ 일인당 연평균 미용실 이용 횟수는 5회이므로

일인당 월평균 미용실 이용 횟수는 5÷12=약 0.4 (회)입니다.

❷ 서울시 인구가 1,000만 명이므로

서울시 인구가 미용실에 가는 월평균 횟수는 1,000만×0.4=400만 (회)입니다.

❸ 미용사 1명의 근무일 수는 월 25일이고, 하루 동안 받을 수 있는 손님의 수는 15명이므로

미용사 1명이 1달 동안 받을 수 있는 손님 수는 25×15=약 400 (명)입니다.

❹ 서울시에 필요한 미용사 수는 400만÷400=1만 (명)입니다.

따라서 서울시에 필요한 적정 미용사 수는 약 1만 명입니다.

5. 다음은 한 변의 길이가 8 cm인 직각이등변삼각형의 가운데를 계속 접는 과정을 설명하는 그림입니다. 4단계까지 진행했을 경우 가장 작은 삼각형 한 개의 넓이는 몇 cm²인지 말해 보세요.

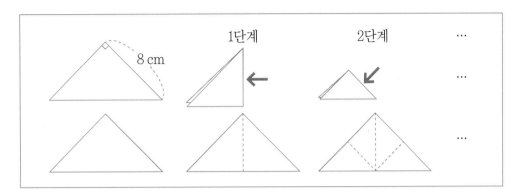

💡 **예시답안**

접을 때마다 삼각형의 개수가 2배씩 늘어나므로 1단계는 2개, 2단계는 4개, 3단계는 8개, 4단계는 16개가 됩니다. 처음 직각이등변삼각형의 넓이는 $8 \times 8 \div 2 = 32 \ (cm^2)$이므로 4단계의 가장 작은 삼각형 한 개의 넓이는 $32 \div 16 = 2 \ (cm^2)$입니다.

6. 장래 희망을 수학과 연관 지어 말해 보세요.

💡 **예시답안**

저의 장래 희망은 의사입니다. 의사가 체중에 맞게 약을 처방할 때, 다양한 치료 방법 중 가장 효과적인 방법을 선택할 때, 치료 성공률을 예측하거나 계산할 때, 전염병이 발생했을 시 통계를 분석하여 치료 방안을 찾을 때, 수술 시 심전도와 산소포화도를 분석할 때 등 순간순간 수학적 지식이 필요합니다. 따라서 의사가 되기 위해서는 수학 공부를 열심히 해야 한다고 생각합니다.

1. 다음 조건을 바탕으로 시카고에 필요한 적정 피아노 조율사는 몇 명일지 구해 보세요. 더 필요한 조건이 있다면 직접 설정하고 구해 보세요.

• 시카고 인구: 약 300만 명
• 시카고 가구당 평균 가족 수: 3명
• 조율사가 피아노 한 대를 조율하는 데 걸리는 시간: 2시간

Tip 문제를 해결하기 위해 필요한 조건을 직접 설정하여 논리적으로 문제를 해결한다.

 예시답안

❶ 시카고 가구당 평균 가족 수는 3명이므로

시카고의 가구 수는 300만÷3＝100만 (가구)입니다.

❷ 시카고의 피아노 보유율을 시카고의 가구 수의 10%라고 하면

시카고의 피아노 수는 100만×0.1＝10만 (대)입니다.

❸ 피아노 조율을 1년에 1번 한다고 하면

연간 피아노 조율 건수는 10만×1＝10만 (건)입니다.

❹ 조율사가 하루에 8시간 근무한다고 하면

조율사 1명이 하루에 조율할 수 있는 피아노 수는 8÷2＝4 (대)입니다.

❺ 조율사가 1주일에 5일, 1년에 50주 근무한다고 하면

조율사 1명이 1년에 조율할 수 있는 피아노 수는 4×5×50＝1,000 (대)입니다.

❻ 시카고에 필요한 피아노 조율사 수는 10만÷1,000＝100 (명)입니다.

따라서 시카고에 필요한 적정 피아노 조율사 수는 100명입니다.

2. 숫자 0이 없으면 어떤 일이 생길지 말해 보세요.

예시답안

- 1, 10, 100, 1000, 10000 등이 모두 똑같이 1로만 표현되므로 자리 수를 파악하기 힘들어질 것입니다.
- 숫자 가운데 0이 들어가는 101, 1001 등의 경우 0이 없으면 1 1, 1   1처럼 0의 자리만큼 띄어 쓰거나 1▲1, 1▲▲1 등과 같이 다른 기호를 사용해야 하므로 정확하게 어떤 수를 표현한 것인지 구별하기 어렵고, 수를 나타내기도 어려워질 것입니다.
- 컴퓨터는 0과 1로만 구성된 디지털 신호를 사용하는데 0이 없어지면 컴퓨터를 사용할 수 없게 될 것입니다.

3. 수학이 생활에 쓰이는 예를 5가지 말해 보세요.

예시답안

- 자동차의 연비를 계산할 때 사용합니다.
- 마트나 편의점에서 물건 가격을 계산할 때 사용합니다.
- 할인율을 계산할 때 사용합니다.
- 게임을 만들고 그 게임이 공정한지 판단할 때 사용합니다.
- 이동 거리에 비례하는 교통 요금을 계산할 때 사용합니다.
- 로또 복권의 확률을 계산할 때 사용합니다.
- 학교 성적의 등수를 매길 때 사용합니다.
- 학교 시험의 평균을 낼 때 사용합니다.
- 은행 적금 이율을 계산할 때 사용합니다.
- 이동 거리와 속도를 이용해 도착 시각을 계산할 때 사용합니다.
- 나라별 코로나19 확진자 수를 분석할 때 사용합니다.

4. 이 세상에는 자연수(1, 2, 3, …)가 많을지, 홀수(1, 3, 5, …)가 많을지 자신의 생각을 말해 보세요.

 예시답안

> 자연수와 홀수의 개수는 같습니다. 자연수의 집합은 1, 2, 3, 4, …, 홀수의 집합은 1, 3, 5, 7, …이 순서대로 끝없이 이어집니다. 얼핏 생각하면 자연수의 집합이 홀수의 집합보다 원소의 개수가 더 많아 보입니다. 자연수의 집합에는 홀수뿐만 아니라 2, 4, 6, 8, … 과 같은 짝수가 있기 때문입니다. 하지만 자연수와 홀수의 집합은 '일대일대응'을 하므로 자연수의 개수와 홀수의 개수는 같습니다. 일대일대응은 두 집합의 원소들이 빠지거나 남김없이 짝지어지는 대응입니다. 자연수의 집합과 홀수의 집합에서 자연수 1은 홀수 1과, 자연수 2는 홀수 3과, 자연수 3은 홀수 5와 짝이 지어진다고 할 때 자연수의 수가 아무리 커져도 짝지을 홀수가 계속 있습니다. 이렇게 일대일대응을 하는 두 집합에서 원소의 개수는 같습니다.

5. 생활 속에서 원이 이용되는 것을 5가지 말해 보세요.

 예시답안

> – 볼펜, 연필의 단면이 원입니다.
> – 컵, 병의 단면이 원입니다.
> – 동전, 병뚜껑, 맨홀 뚜껑의 모양이 원입니다.
> – 공의 단면이 원입니다.
> – 콘택트렌즈, 볼록 렌즈, 오목 렌즈의 모양이 원입니다.
> – 바퀴, 핸들, 휠, 타이어의 모양이 원입니다.
> – 시계 숫자판의 모양이 원입니다.
> – 일일 생활 계획표를 만들 때 원 모양을 이용합니다.
> – 다트 과녁판, 양궁 과녁판의 모양이 원입니다.

6. 사각형의 네 내각의 크기의 합이 360°라는 것을 주어진 준비물을 이용하여 증명해 보세요.

도화지, 가위, 풀

 예시답안

- 도화지를 사각형 모양으로 자른 후, 이 사각형을 다시 4개의 조각으로 자릅니다. 사각형의 네 꼭짓점이 한 점에 모이도록 붙이면 네 내각의 크기의 합은 360°가 됩니다.

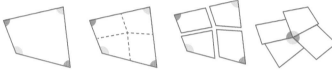

- 도화지를 사각형 모양으로 자른 후 대각선으로 자르면 삼각형 2개가 나옵니다. 삼각형의 세 내각의 크기의 합은 180°이므로 사각형의 네 내각의 크기의 합은 180°×2=360°입니다.

7. 예술 세계에서 찾을 수 있는 수학을 말해 보세요.

 예시답안

- 피라미드는 밑면은 정사각형, 옆면은 모두 합동인 4개의 이등변삼각형으로 이루어진 정사각뿔 모양입니다.
- 파르테논 신전 건축물, 밀로의 비너스 조각상 등 다양한 작품에 1:1.61818···의 황금비가 적용되어 있습니다.
- 최후의 만찬 그림에는 가운데 있는 예수님을 중심으로 원근법이 적용되어 있습니다.
- 정다각형 모양의 도형으로 테셀레이션을 만들 수 있습니다.
- 7음계에서 솔의 진동수는 낮은 도의 진동수의 1.5배이고, 높은 도의 진동수는 낮은 도의 진동수의 2배입니다.
- 몬드리안의 그림은 캔버스에 수직선과 수평선을 그어 공간을 나눈 후 색칠했습니다.

02 예상 모의 수학 면접

1. 우리나라에 있는 초등학교 학생 100명을 대상으로 조사했을 때 어제 몇 명의 학생이 수학 공부를 했을지 자신의 생각을 이유와 함께 말해 보세요.

〈출제: 유현영 선생님〉

💡 **나의 답안**

💡 **예시답안**

- 주요 과목이 국어, 영어, 수학, 과학이므로 하루에 한 과목씩 공부한다면 25명이 수학 공부를 했을 것입니다.

- 학교에서 1주일 등교일수(5일)에 3번 수학 공부를 하므로 100명 중 $\frac{3}{5}$은 어제 수학 공부를 했다고 볼 수 있습니다. 따라서 어제 수학 공부를 한 학생은 $100 \times \frac{3}{5} = 60$, 즉 60명입니다.

- 수학은 모든 과목의 기초라고 배웠습니다. 따라서 모든 학생이 매일 수학 공부를 할 것이므로 100명입니다.

- 우리 반 학생의 $\frac{3}{4}$이 수학을 좋아합니다. 따라서 어제 수학 공부를 한 학생은 $100 \times \frac{3}{4} = 75$, 즉 75명입니다.

2. 지구의 북극점에서 출발하여 남쪽으로 1만 km를 걸었습니다. 그곳에서 동쪽으로 1만 km를 걸은 후, 다시 북쪽으로 1만 km를 걸었을 때 도착하는 곳을 이유와 함께 말해 보세요. 〈출제: 조길현 선생님(브레노스 영재원)〉

💡 **나의 답안**

💡 **예시답안**

지구는 구형이므로 북극점에서 남쪽, 동쪽, 북쪽으로 각각 1만 km씩 이동하면 제자리로 돌아옵니다. 만약 지구가 평면이라면 남쪽, 동쪽, 북쪽으로 각각 1 km씩 이동했을 때 동쪽으로 1만 km 떨어진 곳에 도착합니다.

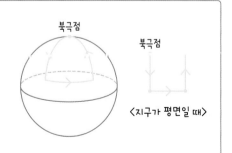

〈지구가 평면일 때〉

영재교육원 면접대비

안쌤과 함께하는
영재교육원 면접 특강

제4장

실전 모의 면접 특강
-과학-

실전 모의 면접 특강 - 과학

01 실전 모의 과학 면접

교육청 영재교육원

1. 잘 날지 못하는 종이비행기가 있습니다. 이 종이비행기가 잘 날아가게 할 수 있는 방법을 3가지 말해 보세요.

 예시답안

- 클립을 달아 무게중심을 맞춥니다.
- 동체가 흔들리지 않도록 테이프를 붙여 모양을 고정합니다.
- 복사 용지나 마분지처럼 가볍고 빳빳한 종이로 비행기를 접습니다.
- 주변보다 높은 위치에서 날려 활공 시간을 늘립니다.
- 바람의 방향과 직각 방향으로 던집니다. 바람이 불어오는 쪽으로 던지면 공중제비돌기를 하기 쉽고, 바람을 등져서 던지면 쉽게 떨어지는 경향이 있습니다. 따라서 바람의 방향과 직각 방향으로 던지는 것이 좋습니다.

2. 사과가 나무에서 떨어지는 것을 보고 중력이 존재한다는 것을 알 수 있습니다. 이처럼 일상생활에서 중력을 느낄 수 있는 경우를 3가지 말해 보세요.

 예시답안

- 미끄럼틀: 높은 꼭대기에 올라가서 앉으면 중력에 의해 아래로 미끄러져 내려옵니다.
- 다이빙: 높은 다이빙대에서 뛰어내리면 중력에 의해 아래로 떨어집니다.
- 폭포: 물이 중력에 의해 아래로 떨어집니다.

3. 우리 생활에서 직접적으로 느낄 수 있는 환경문제에 대해 말해 보세요.

 예시답안

- 생활하수와 공장폐수가 강으로 유입되어 녹조현상이 발생하게 됩니다. 녹조현상이 심각해 지면 우리가 사용하는 물에도 영향을 미치게 될 것입니다.
- 대기오염 물질이 공기 중에서 반응하여 형성된 황산염이나 질산염으로 된 덩어리, 석탄이 나 석유 등 화석연료를 태우는 과정에서 발생하는 탄소류와 검댕, 지표면의 흙먼지에서 생 기는 광물 등에 의해 미세먼지 농도가 높아져 공기가 오염되고 있습니다.
- 플라스틱의 무분별한 사용으로 인해 미세 플라스틱이 해양을 오염시키고 있습니다.
- 매연 속에 있는 이산화 황, 질소 산화물 등 강한 산성을 띠는 물질이 빗물에 녹아 산성비가 내려 나무를 말라 죽게 하고, 연못과 강에 사는 물고기를 죽게 하며 금속이나 대리석으로 만 든 건축물을 부식시키고 있습니다.
- 원자력 발전소 파손으로 유출된 방사능이 토양과 바닷물을 오염시켜 농작물과 수산물이 방 사능에 오염되었습니다.
- 코로나19로 인해 사용한 일회용 마스크는 쓰레기 소각 시 대기오염을 일으키고, 해양에 버 려지면 잘 썩지 않아 해양 쓰레기 문제를 일으킵니다. 또, 야생동물이나 새들의 발이 마스 크 끈에 묶여 움직이지 못하는 일이 생기기도 합니다.

4. 사람의 감정을 디지털화할 수 있게 된다면 우리 생활은 어떻게 바뀔지 말해 보세요.

 예시답안

- 디지털화한 감정은 상대방에게 보이기 때문에 거짓말을 하거나 남을 속이는 일이 없어질 것입니다.
- 사람의 감정은 복잡하기 때문에 완벽하게 디지털화하기 어려울 것입니다. 따라서 감정이 디지털화되더라도 지금처럼 상대방의 표정, 행동, 말투를 통해야만 완전하게 전달될 수 있 을 것입니다.

5. 비행기는 새를 본떠 만들었습니다. 이처럼 동물이나 식물을 본떠 만든 것과 그것의 장점을 말해 보세요.

 예시답안

– 연잎을 본떠 만든 젖지 않는 벽, 자동차, 운동화, 옷: 연잎은 물방울이 맺히지 않고 동그랗게 뭉칩니다. 벽, 자동차, 운동화, 기능성 의류 표면을 연잎처럼 물이 맺히지 않고 흘러내리도록 만들면 젖지 않고 항상 깨끗한 상태를 유지할 수 있습니다.

– 도깨비바늘 씨앗을 본떠 만든 낚싯바늘: 도깨비바늘 씨앗은 끝부분에 가시같이 짧고 날카로운 바늘이 모든 방향을 향해 벌어져 있어 옷이나 털에 박혀 잘 빠지지 않습니다. 도깨비바늘 씨앗을 본떠 낚싯바늘을 만들면 물고기가 모든 방향에서 잘 걸릴 수 있고 잘 빠지지 않습니다.

– 상어 비늘을 본떠 만든 전신 수영복: 상어 비늘을 확대해 보면 작은 갈비뼈 모양으로 홈이 파여 있습니다. 상어 비늘과 같이 수영복의 표면에 미세한 홈을 파면 표면 마찰로 인한 저항을 줄일 수 있어 빠르게 수영할 수 있습니다.

6. 우리 생활 속에서 기체를 이용하는 경우를 5가지 말해 보세요.

 예시답안

– 물놀이용 튜브에 공기를 불어 넣어 물에 뜨게 하여 물놀이를 합니다.

– 과자 봉지 안에 질소 기체를 채워 과자가 상하거나 부서지는 것을 막습니다.

– 숨을 쉴 수 없는 환자에게 산소 호흡기를 연결해 숨을 쉴 수 있도록 도와줍니다.

– 이산화 탄소를 이용해 불을 끕니다.

– 가스를 태워 생긴 열로 요리를 하고 난방을 합니다.

– 수소를 이용해 자동차를 움직입니다.

– 어항에 기포 발생기를 넣어 물고기가 숨을 쉴 수 있도록 합니다.

– 풍선에 헬륨을 넣어 뜨게 합니다.

7. 추운 북극지방에서 코끼리가 살아왔다면 어떤 모습일지 이유와 함께 3가지 말해 보세요.

예시답안

- 추위를 견디기 위해 여러 겹의 털이 자랐을 것입니다.
- 추위를 견디기 위해 몸에 두꺼운 지방층이 생겨 몸집이 지금보다 더 컸을 것입니다.
- 몸에 난 털이 보호색인 하얀색이었을 것입니다.
- 열이 빠져나가는 것을 막기 위해 몸이 둥글둥글해졌을 것입니다.
- 추위를 이기기 위해 무리 지어 생활했을 것입니다.
- 표면적을 줄여 열이 빠져나가지 않도록 하기 위해 귀가 작고, 꼬리는 짧았을 것입니다.
- 먹이가 부족하여 낙타처럼 지방 덩어리를 혹으로 모아 놓았을 것입니다.
- 발은 펭귄처럼 원더네트(열교환 구조)나 혈액이 많이 흐르는 구조로 되어 있어 발이 얼지 않았을 것입니다.

8. 전기를 이용하지 않고 집 안의 온도를 낮출 수 있는 방법을 이유와 함께 3가지 말해 보세요.

예시답안

- 곳곳에 얼음이나 아이스팩을 놓아두면 녹으면서 주위 열을 흡수하므로 온도가 낮아집니다.
- 빨래 건조대에 젖은 수건을 걸어두고 부채질을 하면 물이 증발하면서 주위 열을 흡수하므로 온도가 낮아집니다.
- 암막 커튼이나 블라인드를 쳐 햇빛을 차단합니다.
- 전자 제품의 전원을 꺼 전자 제품에서 나오는 열을 줄입니다.
- 백열등에서는 전기에너지의 대부분이 열에너지로 전환되므로 백열등을 꺼 열 발생을 줄입니다.

1. 식물이 빛을 통해 양분을 만드는 과정을 광합성이라고 합니다. 인간이 광합성을 할 수 있다면 우리의 생활이 어떻게 바뀔지 3가지 말해 보세요.

 예시답안

– 입으로 음식물을 섭취하는 일이 많이 줄어들기 때문에 소화 기관이 퇴화하게 될 것입니다.

– 햇빛이 충분히 있어야 광합성을 할 수 있기 때문에 모든 건물에 창문이 더 크고 많아질 것입니다.

– 음식물을 먹지 않아도 되므로 요리사와 음식점이 사라질 것입니다.

– 햇빛을 많이 받기 위해 몸의 표면적이 넓어질 것입니다.

– 피부가 초록색으로 변할 것입니다.

– 영양실조나 기아가 사라질 것입니다.

– 식량부족 현상이 사라질 것입니다.

2. 자동차 타이어에는 무늬가 있습니다. 무늬의 역할을 말해 보세요.

 예시답안

– 비가 올 때 무늬가 물의 배수구 역할을 하여 마찰력을 증가시켜 타이어가 미끄러지는 것을 방지할 수 있습니다.

– 눈이 오는 날, 눈이 타이어에 박히지 않게 하여 마찰력을 증가시켜 타이어가 미끄러지는 것을 방지할 수 있습니다.

– 모래와 같은 이물질이 타이어와 도로 사이에 있으면 자동차가 미끄러지기 때문에 이를 방지할 수 있습니다.

– 타이어와 도로면이 마찰할 때 생기는 소음을 줄일 수 있고, 승차감을 향상시킬 수 있습니다.

– 곡선 도로에서 마찰력을 증가시켜 자동차가 잘 회전할 수 있습니다.

3. 냉장고 문을 열어두면 방 안의 온도는 어떻게 변할지 말해 보세요.

 예시답안

처음에는 냉장고의 냉기가 방의 온도를 조금 낮춥니다. 하지만 그 이후에는 더운 공기가 냉장고로 들어가 냉장고의 냉각장치가 계속 가동되므로 냉각장치에서 발생하는 열 때문에 방 안의 온도는 오히려 높아지게 될 것입니다. 냉장고는 에어컨처럼 열을 밖으로 뺄 수 있는 장치가 외부에 있지 않고 냉장고 뒷면에 있기 때문에 냉각장치가 계속 가동되어 열이 발생합니다.

4. 국제연합 환경계획(UNEP)의 《환경 보고서》에 따르면 전 세계 많은 인구가 물 부족에 시달리고 있고, 2025년에는 전 세계 인구의 70 % 정도가 물 부족 국가에서 살게 될 것이라고 예측합니다. 지구의 물 부족 문제를 해결할 수 있는 방법을 말해 보세요.

 예시답안

– 해수의 담수화 공정을 통해 바닷물을 사용할 수 있는 물로 바꿉니다.
– 더러운 물을 정화해 깨끗한 물을 얻습니다.
– 물이 오염되면 사용할 수 있는 물이 줄어들어 물 부족 문제가 더 심해지므로 물을 아껴 쓰고 물이 오염되지 않도록 깨끗하게 사용합니다.
– 한 번 사용한 수돗물을 재사용할 수 있도록 처리한 물을 화장실, 청소, 세차, 조경, 소방 용수 등에 사용합니다.
– 빗물을 저장할 수 있는 효율적인 방법을 고안하여 버려지는 빗물을 재활용합니다.
– 와카 워터 탑은 응결 현상을 이용해 물을 모으는 장치로, 와카라는 나무의 줄기를 엮어 만든 틀에 이슬이 맺히도록 하는 나일론 그물을 달아 만든 탑입니다. 와카 워터 탑과 같은 장치를 이용해 공기 중의 수증기를 물로 바꾸어 물을 모읍니다.

5. 우주인이 되어 달에서 생활해야 한다면 어떠한 기능을 갖춘 우주복을 입어야 할지 달의 환경을 고려하여 5가지 말해 보세요.

 예시답안

- 온도를 일정하게 유지하는 장치가 있어야 합니다.
- 산소를 공급하는 장치가 있어야 합니다.
- 기압을 일정하게 유지하는 장치가 있어야 합니다.
- 헬멧을 썼을 때 외부와 통신할 수 있는 장치가 있어야 합니다.
- 움직일 때 힘들지 않도록 관절 부분에 주름이 많아야 합니다.
- 쉽게 찢어지지 않는 소재로 만들어야 합니다.
- 식수를 공급할 수 있는 장치가 있어야 합니다.

6. 과학 발전을 위해 환경 파괴는 어쩔 수 없다는 의견에 대한 자신의 생각을 말해 보세요.

 예시답안

- 과학이 발전하면 파괴된 환경을 복원하는 과학 기술이 만들어질 것이기 때문에 과학 발전이 우선되어야 한다고 생각합니다.
- 아무리 과학 기술이 발전되어도 파괴된 환경을 복원하는 데는 한계가 있으므로 자연이 자정 능력을 잃지 않는 한도에서만 개발이나 연구를 진행해야 한다고 생각합니다.
- 환경이 파괴되면 태풍, 홍수, 가뭄, 미세먼지 등 과학으로 해결할 수 없는 자연재해가 발생할 수 있기 때문에 환경이 파괴되지 않도록 해야 합니다.

7. 규현이가 냉장고에서 꺼낸 차가운 콜라병에 맺힌 물방울을 보고 콜라로부터 새어 나온 것이라고 말했습니다. 차가운 콜라병에 물방울이 생긴 이유와 이를 증명할 수 있는 실험을 어떻게 설계하면 좋을지 말해 보세요.

 예시답안

> 차가운 콜라병에 물방울이 생긴 이유는 공기 중의 수증기가 냉각되어 콜라병에 맺혔기 때문입니다. 콜라병을 냉장고에서 꺼내자마자 콜라를 컵에 따라 붓고 빈 병을 공기 중에 놓아둡니다. 병 안에 콜라가 없어도 병이 차갑기 때문에 공기 중의 수증기가 냉각되어 콜라병에 물방울이 맺히는 것을 볼 수 있습니다.

8. 두 비커에 차가운 물과 뜨거운 물이 각각 담겨 있습니다. 직접 만져보지 않고 차가운 물과 뜨거운 물이 담겨있는 비커를 구별할 수 있는 방법을 말해 보세요.

 예시답안

> - 소금을 한 숟가락씩 녹였을 때 소금이 빨리 녹는 비커가 뜨거운 물이 담겨 있는 비커입니다. 소금은 물이 뜨거울수록 빨리 녹기 때문입니다.
> - 소금을 한 숟가락씩 계속 녹였을 때 소금이 많이 녹는 비커가 뜨거운 물이 담겨 있는 비커입니다. 소금은 물이 뜨거울수록 많이 녹기 때문입니다.
> - 차가운 물과 뜨거운 물이 담긴 비커를 가열했을 때 빨리 끓는 비커가 뜨거운 물이 담겨 있는 비커입니다. 뜨거운 물일수록 끓기 위해 필요한 열에너지 양이 적기 때문입니다.
> - 차가운 물과 뜨거운 물이 담긴 비커에 각각 얼음 조각을 넣었을 때 얼음 조각이 빨리 녹는 비커가 뜨거운 물이 담겨 있는 비커입니다. 뜨거운 물은 열에너지가 많기 때문입니다.
> - 차가운 물과 뜨거운 물이 담긴 비커를 냉동실에 넣었을 때 빨리 어는 비커가 뜨거운 물이 담겨 있는 비커입니다. 뜨거운 물일수록 열을 방출하여 차가워지는 속도가 빠르기 때문입니다.
> - 차가운 물과 뜨거운 물이 담긴 비커 위쪽의 습도를 측정했을 때 습도가 높은 비커가 뜨거운 물이 담겨 있는 비커입니다. 뜨거운 물일수록 증발이 잘 되기 때문입니다.

1. 미래에는 인류가 달에 기지를 지어 살게 되고 달에서 올림픽 경기도 진행하게 됩니다. 올림픽 경기는 100 m 달리기, 원반던지기, 높이뛰기, 멀리뛰기 네 종목으로 진행될 예정입니다. 지구에서와 똑같은 경기 규칙으로 진행된다면, 기록이 좋아질 경기 종목과 기록이 나빠질 종목을 각각 고르고 이유를 말해 보세요.

〈출제: 권문석 선생님(대치 CMS)〉

🧠 **나의 답안**

🧠 **예시답안**

〈기록이 좋아질 경기〉

– 원반던지기: 제자리에서 돌다가 팔의 원심력으로 원반을 던질 때 원반의 빠르기는 달과 지구에서 크게 차이 나지 않지만 달에서 중력이 더 작으므로 원반이 더 멀리 날아갈 수 있기 때문입니다.

– 높이뛰기: 달은 중력이 작아서 몸이 위로 높이 올라갈 수 있기 때문입니다.

〈기록이 나빠질 경기〉

– 100 m 달리기: 몸무게가 지구에서보다 적게 나가므로 바닥과 신발 사이의 마찰력이 작아 미끄러지기 쉬워 달리기가 어려워질 수 있기 때문입니다.

– 멀리뛰기: 출발점에서 도움닫기하는 지점까지의 거리가 지구와 같다면 도움닫기를 할 때 빠르게 달려오는게 어려워 더 멀리 뛸 수 없기 때문입니다.

2. 폭풍우로 집이 무너져 당분간 가족과 함께 야외에서 텐트를 치고 지내야 합니다. 텐트 안에서 2주일 동안 먹을 것을 사려고 모든 종류의 물건을 판매하는 대형마트에 왔습니다. 20만 원어치의 물건을 사려고 할 때 고려해야할 조건을 3가지 말해 보세요. (단, 텐트 안에서는 전기를 사용할 수 없으며, 그릇과 수저만 있습니다.)

〈출제: 조강훈 선생님〉

나의 답안

예시답안

- 물을 반드시 사야 합니다.
- 영양소가 균형 있게 들어간 음식을 사야 합니다.
- 영양 성분이 비슷하더라도 되도록 다양한 종류의 음식을 사야 합니다.
- 같은 종류의 식품 중에서 가격이 같다면 열량이 높은 식품을 사야 합니다.
- 통조림이나 반조리 식품 등은 유통기한이 긴 것으로 사야 합니다.
- 냉동이나 냉장 보관을 해야 하는 식품은 사지 말아야 합니다.
- 가열해서 먹어야 한다면 휴대용 버너와 가스를 반드시 사야 합니다.

영재교육원 면접대비

안쌤과 함께하는
영재교육원 면접 특강

제5장

실전 모의 면접 특강
-발명-

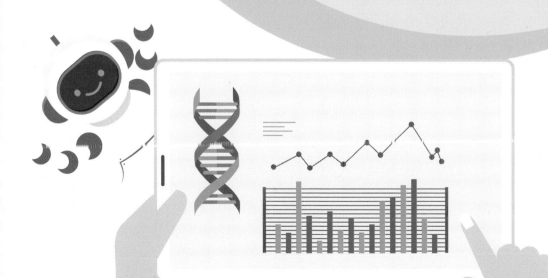

실전 모의 면접 특강 – 발명

01 실전 모의 발명 면접

교육청 영재교육원

1. 가위에 추가할 수 있는 창의적인 새로운 기능을 말해 보세요.

예시답안

- 가위에 레이저를 답니다. 종이를 자를 때 레이저가 종이에 비치므로 종이를 곧게 자를 수 있습니다.
- 가위 중앙에 받침대를 만들어서 가위 날이 식탁 바닥에 닿지 않도록 하여 음식을 깨끗하게 자를 수 있게 합니다.
- 가위 날을 여러 개 만들어서 한 번에 여러 조각으로 자를 수 있게 합니다.
- 가위를 접어서 보관할 수 있도록 만듭니다.
- 가위 날을 양쪽으로 만들어서 오른손과 왼손 모두 사용할 수 있도록 합니다.
- 가위 날이 없는 쪽에 받침대를 만들어 받침대를 도마처럼 사용합니다.

2. 생활 속에서 가장 편리하다고 생각하는 물건을 한 가지 정하고, 그 이유를 말해 보세요.

예시답안

- 에어컨: 무더운 여름에 실내 온도와 습도를 조절하여 불쾌지수를 낮춰주기 때문입니다.
- 스마트폰: 단순히 전화기의 기능뿐만이 아니라 인터넷 검색, 동영상 강의 시청 등 다양한 기능이 있기 때문입니다.

3. 환경보호를 위한 발명 아이디어를 말해 보세요.

예시답안

- 녹조류를 이용한 친환경 바이오 플라스틱: 녹조류를 이용해 플라스틱을 만듭니다. 매년 녹조 현상으로 큰 피해를 입고 있고 녹조 현상을 없애기 위해 많은 연구를 하고 있습니다. 그런 녹조류를 이용한 플라스틱을 개발한다면 녹조를 효율적으로 없앨 수 있을 뿐만 아니라 화석연료의 사용도 줄일 수 있기 때문에 지구를 살릴 수 있을 것입니다.
- 플라스틱을 분해하는 박테리아: 스티로폼을 먹는 밀웜과 비닐봉지를 먹는 나방의 유충에서 착안하여 플라스틱을 생분해할 수 있는 박테리아를 유전 기술로 만들어 낸다면 미세 플라스틱 문제를 해결할 수 있을 것입니다.
- 오염 정도와 사용 여부를 확인할 수 있는 마스크: 한 번 사용한 일회용 마스크를 새 마스크와 함께 두면 사용한 것인지 아닌지 알 수 없습니다. 마스크 포장을 뜯으면 부착된 빨간색 스티커가 떨어지면서 1차로 사용 메시지가 나타나고, 푸른색 염화코발트 종이가 수증기와 반응해 붉은색으로 변하는 원리를 통해 2차로 사용 여부를 확인합니다.

4. 우리 생활에서 페트병을 활용할 수 있는 방법을 3가지 말해 보세요.

예시답안

- 윗부분을 잘라내고 연필꽂이로 사용합니다.
- 쌀, 콩, 고춧가루, 파스타면 등을 보관하는 통으로 사용합니다.
- 반으로 자른 후 입구에 거즈를 씌우고 흙을 채워 화분으로 사용합니다.
- 아랫부분을 자르고 벽에 거꾸로 붙여 우산꽂이로 사용합니다.

- 입구 부분만 잘라서 비닐봉지에 끼워 뚜껑을 열고 닫을 수 있는 저장 용기로 사용합니다.
- 몸통에 구멍을 뚫고, 뚜껑에도 구멍을 뚫은 후 구멍이 덮이도록 비닐을 올린 후 한쪽만 고정합니다. 페트병 입구에 풍선을 씌운 후 몸통의 구멍을 막고 페트병을 누르면 페트병 안의 공기가 뚜껑의 구멍으로 빠져나가 풍선이 부풀고, 손을 뗄 때는 비닐이 구멍을 막아주므로 풍선 안의 공기가 페트병 안으로 들어오지 못합니다. 이를 이용해 풍선을 불 때 펌프로 사용합니다.

5. '스케이트＋바퀴'처럼 전혀 관계없는 두 물건을 합쳐서 인라인스케이트를 만들었습니다. 이처럼 전혀 관계없는 두 물건을 조합하여 만들 수 있는 창의적인 물건을 말해 보세요.

 예시답안

- 침대＋서랍장: 침대 아랫부분에 서랍장을 만들어 물건을 보관할 수 있게 합니다.
- 집게＋컵홀더: 집게 손잡이에 구멍을 뚫어 물체 가장자리에 집게를 꽂은 후 구멍에 컵을 꽂을 수 있도록 합니다.
- 버터＋회전 용기: 버터를 회전 용기 안에 넣어 빵에 바르기 쉽게 합니다.
- 멀티탭＋레고 블록: 멀티탭 콘센트를 레고 블록처럼 여러 개를 연결한 후 회전할 수 있도록 만들어서 플러그를 여러 방향에서 꽂을 수 있고 길이를 조절할 수도 있도록 합니다.
- 칼＋회전 손잡이: 과일을 고정한 후 손잡이를 돌리면 칼이 과일 껍질을 깎아줍니다.

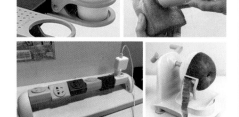

6. 현재에서 조선 시대로 한 가지 물체를 가지고 이동할 수 있다면 어떤 것을 가지고 가면 좋을지 이유와 함께 말해 보세요.

 예시답안

현재 유용하게 사용되고 있는 자동차나 스마트폰을 가지고 가면 좋겠지만 조선 시대에는 기름이 없으므로 자동차를 사용할 수 없고, 인터넷이 설치되어 있지 않으므로 스마트폰도 사용할 수 없습니다. 그래서 저는 자석과 코일로 만든 발전기를 가지고 갈 것입니다. 이것은 조선 시대의 기술과 자원으로도 충분히 만들 수 있고, 전기 에너지를 여러 기계에 연결하여 사용하면 생활이 편리해질 수 있기 때문입니다.

7. 무선 이어폰은 이어폰에서 선을 제거하여 편리하게 소리를 들을 수 있게 합니다. 이처럼 기존 물건에서 일부를 제거하여 만들 수 있는 창의적인 물건을 말해 보세요.

예시답안

- 씨 없는 과일: 수박, 포도 등의 과일에 씨를 빼서 쉽게 먹을 수 있게 합니다.
- 다각형 연필: 동그란 연필은 잘 굴러가므로 삼각형이나 육각형 등으로 깎아서 잘 굴러가지 않도록 합니다.
- 구멍이 있는 플러그: 플러그 가운데에 구멍을 뚫어 손가락을 끼워 쉽게 뺄 수 있게 합니다.
- 무전원 스피커: 스피커에 필요한 모든 전기 부품 없이 공명 현상을 이용해 소리를 크게 합니다.
- 컵이 필요 없는 칫솔: 칫솔 몸체에 가는 관을 만들어 관 안으로 물을 넣으면 물줄기가 솟아 입을 헹굴 수 있습니다.

8. 4차 산업혁명으로 인해 우리의 생활이 어떻게 변할지 자신의 생각을 말해 보세요.

예시답안

- 4차 산업혁명으로 많은 사람이 일자리를 잃을 것이라고 생각되기도 하지만 아마도 현재와는 다른 새로운 일자리가 많이 생길 것입니다. 사람들은 인간의 고유한 영역인 감성적인 부분과 창의적인 영역에 집중해서 살아갈 것입니다.
- 현실과 가상을 이어주며, 모든 분야가 인공지능화되고 자동화될 것입니다. 자원 낭비를 최소화하며 환경문제를 유발하지 않는 친환경적인 에너지가 개발될 것입니다.

1. 학교에서 사용하는 책상과 의자에 새로운 기능을 추가할 발명 아이디어를 말해 보세요.

 예시답안

- 책상이나 의자에 붙일 수 있는 컵 홀더: 물병이나 컵을 둘 곳이 없어서 가방에 넣어두거나 사물함 안에 넣어두어야 합니다. 책상이나 의자 옆에 컵홀더를 만들면 물을 자주 마실 수 있고 얼음물을 두었을 때도 가방이 젖지 않습니다.
- 책상에 붙이는 스마트패드 거치대: 학교에서 스마트패드를 사용할 때 책 받침대처럼 스마트패드를 꽂아두고 사용할 수 있도록 책상에 붙이는 거치대를 만듭니다. 스마트패드 거치대를 사용하면 자세도 바르게 할 수 있고 지금 쓰는 책상을 그대로 사용할 수 있습니다.
- 스마트폰을 연결하면 온열 기능과 통풍 기능이 생기는 의자: 스마트폰을 의자에 연결하면 온열 기능과 통풍 기능을 사용할 수 있도록 만듭니다. 스마트폰을 의자 옆에 꽂아야 하므로 학교에서 스마트폰을 사용하는 것을 막을 수도 있습니다.

2. 장시간 스마트폰 사용으로 인한 여러 가지 질병을 막기 위한 발명 아이디어를 말해 보세요.

 예시답안

- 생체 감지 시스템을 스마트폰에 적용하여 터치뿐만 아니라 홍채 감지나 모션 인식을 통해 멀리서도 화면을 움직일 수 있게 하면 나쁜 자세를 막을 수 있습니다.
- 바른 자세를 유지하지 않으면 인터넷이 연결되지 않는 애플리케이션을 개발합니다.
- 일정 시간 이상 연속하여 사용하면 인터넷이 저절로 종료되는 애플리케이션을 개발합니다.
- 일정 시간 이상 연속하여 사용하면 저절로 스트레칭 프로그램이 실행되는 애플리케이션을 개발합니다.
- 미리 설정한 시간에만 스마트폰을 사용할 수 있도록 하는 애플리케이션을 개발합니다.

3. 가장 위대한 발명품은 무엇이라고 생각하는지 말해 보세요.

 예시답안

- 냉장고: 음식을 상하지 않고 신선하게 보관해 주고, 식품 보관 기간을 늘려서 식문화에 변화를 주었습니다. 또한, 식중독을 예방해 주기 때문입니다.
- 인터넷: 인터넷 기반인 3차 산업혁명과 정보통신기술의 융합인 4차 산업혁명은 인터넷의 상용화 없이는 불가능했기 때문입니다.
- 안경: 근시나 원시와 같이 시력이 저하되었을 때 안경을 착용하면 시력이 더 저하되는 것을 막아주고 시력 저하로 인한 불편함 없이 생활할 수 있게 해 주기 때문입니다.

4. SNS가 널리 이용되고 있습니다. SNS 이용의 장점과 단점을 말해 보세요.

 예시답안

〈장점〉
- 같은 취미나 흥미를 가진 사람들끼리 쉽게 소통하고 관계를 형성할 수 있습니다.
- 신문이나 텔레비전과 같은 매체보다 좀 더 빠르고 다양한 소식을 전달받을 수 있습니다.
- 누구와 어디서든 연락을 주고받을 수 있습니다.
- 내가 겪은 일을 글과 사진으로 남길 수 있고 친구와 공유할 수 있습니다.
- SNS 시장을 이용하여 돈을 벌 수 있습니다.

〈단점〉
- SNS에서는 상대방은 항상 행복하고 좋은 것만 가지는 것처럼 보이기 때문에 상대적 박탈감이나 우울함을 느낄 수 있습니다.
- 나의 정보가 내가 원하지 않는 사람에게까지 공개되기 때문에 개인 정보 유출의 위험이 있습니다.
- SNS 이용 시간이 늘어나면서 좀 더 유용하게 활용할 수 있는 시간을 많이 낭비할 수 있습니다.

5. 신발에 새로운 기능을 추가할 발명 아이디어를 말해 보세요.

예시답안

- 깔창 높이가 조절되는 신발: 그날의 건강 상태나 걷는 거리에 따라서 발의 컨디션이 변하게 됩니다. 따라서 에어펌프로 깔창 높이를 조절할 수 있다면 항상 편안한 상태로 신발을 신을 수가 있을 것입니다.
- 붙이는 아쿠아슈즈: 바닷가에서 아쿠아슈즈를 신으면 신발 사이로 모래가 들어가기도 하고 신발이 벗겨지는 등의 불편함이 있습니다. 마찰력이 커 잘 미끄러지지 않고 자갈을 밟아도 찢어지지 않으며, 물에 닿아도 접착력의 변화가 없고 인체에 무해하며, 신축성이 좋은 신소재를 이용하여 발바닥에 직접 붙이는 얇은 패드 형태의 아쿠아슈즈를 만듭니다.

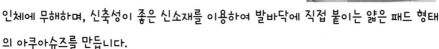

- 발전기 신발: 압력이 가해지면 전기가 만들어지는 압전 소자를 신발 밑창에 붙여 걸을 때마다 전기가 만들어지도록 합니다.

6. 미래에 유망하게 될 직업에는 어떤 것이 있을지 자신의 생각을 말해 보세요.

예시답안

- 신소재 개발 연구원: 3D프린터에 사용하는 소재, 가볍고 강하며 재생 가능한 소재, 환경에 영향을 미치지 않는 소재 등 다양한 신소재 연구가 중요해지기 때문입니다.
- 에너지 개발 연구원: 기존의 화석연료를 변환해 이용하거나 재생 가능한 에너지를 개발하고 환경을 보호하면서 에너지 효율을 높이는 친환경 에너지 개발이 중요해지기 때문입니다.
- 로봇 윤리학자: 인공지능이 인간의 업무를 대신하면서 로봇이 작동하는 결과에 대한 윤리적 판단이 필요하게 되었습니다. 로봇의 오작동으로 사고가 났을 경우 로봇 제작자, 로봇 주인, 로봇 사용자, 관리감독기관 등 이들 중에서 누구의 잘못이라고 해야 할지를 판단하는 것이 중요해지기 때문입니다.

7. 실내에서 옷을 빨리 말릴 수 있는 발명 아이디어를 말해 보세요.

 예시답안

- 옷걸이에 옷을 걸고 옷이 서로 붙지 않도록 행거에 겁니다. 행거 아래쪽에 선풍기를 놓고 큰 부직포 커버로 행거를 덮은 후 선풍기를 켜서 옷을 말립니다. 선풍기 대신 온풍기나 제습기를 사용하면 옷을 더 빨리 말릴 수 있습니다.
- 옷걸이에 모터와 팬을 설치한 후 양쪽 어깨 아래쪽으로 따뜻한 바람이 나오도록 하여 옷을 말립니다.

8. 워터콘처럼 전기가 들어오지 않는 지역에서 물을 깨끗하게 할 수 있는 방법을 말해 보세요.

 예시답안

- 물에 있는 흙과 같은 작은 불순물과 박테리아, 바이러스 등을 정수할 수 있는 필터를 굵은 빨대 안에 넣고, 이 빨대로 물을 마십니다.
- 투명한 공 모양 안에 물을 담고 햇빛이 비치는 곳에 두면 더러운 물에서 깨끗한 물만 증발한 후 응결되어 한곳에 모입니다.
- 자전거에 필터를 장착한 호스를 넣고 페달을 돌리면 동력에 의해 펌프가 작동하여 더러운 물을 마실 수 있는 깨끗한 물로 바꿔줍니다.

1. 코로나19 바이러스나 미세먼지로 인하여 마스크의 소비량이 크게 늘어났습니다. 현재 마스크는 일반 쓰레기로 분류되어 소각할 때 유해가스가 나오고, 무분별하게 버려졌을 경우 끈 부분이 다른 생명체에게 피해를 주는 등 여러 가지 문제가 발생하고 있습니다. 이러한 문제들을 해결하기 위한 새로운 형태의 마스크를 만들 때 고려해야 할 조건을 3가지 말해 보세요.

〈출제: 조강훈 선생님〉

나의 답안

예시답안

- 소각하지 않고 재활용할 수 있도록 분리수거가 가능한 소재로 마스크를 만듭니다.
- 자연에서 생분해되는 재생 소재를 이용하여 마스크를 만듭니다.
- 끈 부분이 분리되거나 자연분해가 빠른 소재로 마스크를 만듭니다.
- 오랫동안 사용할 수 있도록 필터의 수명이 긴 마스크를 만듭니다.
- 일회용이 아니라 세척하거나 특별한 처리를 하면 다시 사용할 수 있는 필터를 만듭니다.
- 오랫동안 사용할 수 있도록 화장품이나 음식물 등에 쉽게 오염이 되지 않고, 이물질을 닦아내고 쓸 수 있는 마스크를 만듭니다.
- 오랫동안 사용할 수 있도록 시각적으로 필터의 수명을 확인할 수 있는 마스크를 만듭니다.
- 효과적으로 코와 입만 가릴 수 있는 작은 사이즈의 마스크를 만듭니다.

2. 다음은 코로나19 바이러스 백신의 3단계 임상시험에 관한 당시의 글입니다. 안전한 임상시험을 진행하기 위해 고려해야 할 점을 말해 보세요.

⟨출제: 정영철 선생님(행복한 영재들의 놀이터)⟩

백신 개발은 동물실험부터 3단계의 임상시험 과정을 거칩니다. 이 중 3번째 임상시험 단계는 비감염자에게 백신 후보 물질을 투여한 후 자연적으로 감염되기를 기다렸다가 백신의 효과를 확인하기 때문에 5~10년 정도의 시간이 걸립니다. 그러나 코로나19 바이러스 백신의 3단계 임상시험은 비감염자에게 백신 후보 물질을 투여한 후 일부러 코로나19 바이러스에 노출시켜 감염시킨 다음, 그 백신의 효과를 시험하기로 했습니다. 이 시험 방법은 기존의 임상시험과 달리 모든 대상자가 바이러스에 곧바로 노출되기에 시간이 단축되고 필요한 대상자의 수도 훨씬 적습니다. 하지만 코로나19 바이러스는 아직 완전한 치료제가 없어 대상자가 위독한 상황에 처할 수 있는 문제가 있습니다.

 나의 답안

 **예시답안**

- 코로나19 바이러스 사망률이 상대적으로 낮고 합병증 발병 가능성이 낮은 18~25세의 젊은 사람으로 한정해 시험을 진행합니다.
- 최상의 의료 서비스가 갖춰진 곳에서 의료진의 세심한 모니터링이 지속적으로 이루어지도록 진행하여 위험성을 낮춥니다.
- 현재 우발적인 감염 가능성이 매우 높은 지역에서 대상자를 모집합니다.

안쌤과 함께하는
영재교육원 면접 특강

제6장

실전 모의 면접 특강
-정보-

실전 모의 면접 특강 - 정보

01 실전 모의 정보 면접

1. 컴퓨터의 장치 중에서 사람의 눈과 같은 역할을 하는 장치와 그 이유를 말해 보세요.

 예시답안

> 사람의 눈은 물체를 보고 정보나 감각을 받아들인 후 뇌로 전달하는 감각 기관입니다. 컴퓨터에서 사람의 눈과 같은 역할을 하는 장치로는 키보드, 태블릿, 마이크, 카메라 등 입력장치가 있습니다. 이중 카메라는 사람의 눈과 같이 물체의 모양이나 색깔에 대한 정보를 입력합니다.

2. 컴퓨터의 장치 중에서 사람의 손과 같은 역할을 하는 장치와 그 이유를 말해 보세요.

 예시답안

> 사람의 손은 정보를 받아들이는 역할을 하는 감각 기관이면서 판단이나 결과를 표현하는 역할을 하는 운동 기관입니다. 컴퓨터의 장치 중에서 사람의 손과 같은 역할을 하는 장치는 입력과 출력이 동시에 되는 헤드셋, 복합기 등이 있습니다. 헤드셋은 마이크로 소리를 입력하고 스피커로 소리를 출력합니다. 복합기는 스캐너로 문서를 입력하고 프린터로 문서를 출력합니다.

3. 계산기와 노트북의 공통점을 3가지 말해 보세요.

 예시답안

- 전기 에너지가 있어야 사용할 수 있습니다.

- 디지털 기기입니다.

- 사각형의 키를 눌러 입력합니다.

- 입력한 것과 처리된 결과를 볼 수 있는 창이 있습니다.

- 빠른 계산을 할 수 있습니다.

- 전체적인 모양이 사각형입니다.

4. 프린터와 3D 프린터의 공통점을 3가지 말해 보세요.

 예시답안

- 사용하기 위해서는 전기가 필요합니다.

- 컴퓨터 같은 다른 장치와 연결해 사용합니다.

- 다른 장치가 만들거나 계산한 결과물을 출력하는 장치입니다.

- 컴퓨터 주변기기 중 하나입니다.

- 결과물을 얻기 위해 종이나 재료를 넣어야 합니다.

5. 애플리케이션 개발자가 관광지를 여행할 때 활용할 수 있는 여행 정보 애플리케이션을 개발하려고 합니다. 애플리케이션에 들어갈 정보로 적절하다고 생각되는 것을 5가지 말해 보세요.

 예시답안

- 주변에서 사람들이 많이 찾는 장소를 순서대로 추천합니다.
- 주변의 맛있는 식당을 추천합니다.
- 관광지의 입장료나 사용료를 안내합니다.
- 주변의 관광지를 순서대로 여행할 수 있는 코스를 추천합니다.
- 가고 싶은 장소를 입력하면 이동하는 데 가장 적은 시간이 걸리는 경로를 알려줍니다.
- 가고 싶은 장소를 입력하면 주변 여행지로 이동하기 가장 좋은 숙소를 알려줍니다.
- 대중교통을 이용할 때 이동하는 데 걸리는 시간과 비용을 알려줍니다.

6. 여행 정보 애플리케이션에서 주변의 유명한 관광지들의 순위를 보여주고 추천하려고 합니다. 유명한 관광지의 순위를 정할 수 있는 방법을 말해 보세요.

 예시답안

- 유명한 관광지일수록 사람들이 많이 방문하므로 사람들의 방문 횟수를 기준으로 순위를 정합니다.
- 입장료를 받는 관광지일 경우, 일정 기간 동안의 입장료 총 수입을 이용해 방문자 수를 계산하고 이를 기준으로 순위를 정합니다.
- 관광지 근처의 기지국에서 스마트폰 접속 인원을 기준으로 방문자 수를 계산하고 이를 기준으로 순위를 정합니다.
- 사람들의 관심이 높다면 유명한 관광지일 것이므로 검색한 횟수로 순위를 정합니다.

7. 배가 고파서 직접 물을 끓여 컵라면을 먹으려고 합니다. 컵라면을 먹을 때까지 필요한 행동을 순서대로 말해 보세요.

예시답안

❶ 전기 포트나 냄비에 물을 넣습니다.

❷ 물을 끓입니다.

❸ 컵라면을 꺼냅니다.

❹ 컵라면을 뜯습니다.

❺ 가루수프를 넣고 물이 끓기를 기다립니다.

❻ 물이 끓으면 뜨거운 물을 컵라면에 붓고 뚜껑을 닫습니다.

❼ 라면이 다 익을 때까지 기다립니다.

❽ 라면이 다 익으면 먹습니다.

8. 이메일로 과제를 첨부하여 제출하려고 합니다. 이메일을 보내는 과정을 순서대로 말해 보세요.

예시답안

❶ 인터넷이 연결된 컴퓨터를 켭니다.

❷ 이메일을 보낼 수 있는 사이트나 프로그램을 엽니다.

❸ 자신의 아이디와 비밀번호를 입력하여 로그인합니다.

❹ 이메일을 쓸 수 있는 페이지로 이동합니다.

❺ 과제를 제출할 이메일 주소를 입력합니다.

❻ 이메일 제목을 입력합니다.

❼ 이메일 내용을 입력합니다.

❽ 과제를 첨부합니다.

❾ 이메일을 보냅니다.

1. 다음과 같은 모양을 그리는 방법을 말해 보세요.

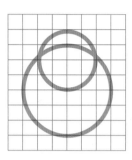

🔖 · 예시답안 ·

❶ 지름이 6칸인 큰 원을 그립니다.

❷ 그 원의 중심을 지나는 세로 선을 긋습니다.

❸ 큰 원의 중심을 지나는 지름이 4칸인 작은 원을 그립니다. 이때 작은 원의 중심은 세로 선 위에 있으며 큰 원의 중심보다 위쪽에 있습니다.

2. 다음과 같은 모양을 그리는 방법을 말해 보세요.

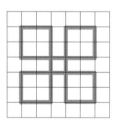

🔖 · 예시답안 ·

❶ 2×2 크기의 정사각형을 그린 후 오른쪽으로 1칸 띄우고 2×2 크기의 정사각형을 1개 더 그립니다.

❷ 아래로 1칸 띄우고 2×2 정사각형 2개를 ❶과 나란히 그립니다.

❸ 4개의 정사각형의 가운데에 1칸짜리 정사각형을 그립니다.

3. 스마트폰의 보안을 위해 사용하는 비밀번호와 패턴 중 더 효과적인 방법을 고르고 이유를 말해 보세요.

 예시답안

－비밀번호입니다. 많은 수의 숫자를 사용할수록 다양하고 어려운 비밀번호를 만들 수 있기 때문입니다.

－ 패턴입니다. 다른 사람이 볼 때 숫자를 누르는 것보다 패턴을 그리는 것이 알아보기 어렵기 때문입니다.

4. 최근 보안 시스템에서 자신을 인증하는 방법으로 지문, 홍채, 정맥, 얼굴과 같은 생체 보안 시스템의 사용이 늘어나고 있습니다. 이러한 생체 보안 시스템의 장점과 단점을 각각 말해 보세요.

 예시답안

〈장점〉

－ 사용이 편리하고 복제하기 어렵습니다.

－ 비밀번호 유출로 인한 사고를 막을 수 있습니다.

－ 비밀번호를 잊어버릴 걱정이 없습니다.

〈단점〉

－ 생채 정보 분석이 가능한 고성능의 장치가 필요합니다.

－ 한 번 유출되면 생체 보안을 이용하고 있는 모든 계정이나 기기가 위협받을 수 있어 큰 피해를 입게 됩니다.

5. 공장에서 어떤 제품을 사람이 생산하면 하루에 100개씩, 로봇을 사용하여 생산하면 하루에 1,000개씩 생산할 수 있습니다. 물건을 만들 때 로봇을 사용하면 생기는 장점과 단점을 각각 2가지씩 말해 보세요.

 예시답안

〈장점〉

– 물건을 더 많이 만들 수 있으므로 물건의 가격이 내려갑니다.

– 사람이 물건을 만들 때보다 정확하게 물건을 만들 수 있습니다.

〈단점〉

– 물건을 만드는 일을 하던 사람들의 일자리가 사라집니다.

– 불량품이나 잘못 만들어진 제품도 대량 생산될 수 있습니다.

6. 자율주행 자동차는 운전자의 개입 없이 스스로 운전하는 자동차입니다. 자율주행 자동차가 널리 사용될 경우의 장점과 단점을 각각 2가지씩 말해 보세요.

 예시답안

〈장점〉

– 자동차를 운전하는 데 사용하는 시간을 줄이고 다른 곳에 사용할 수 있습니다.

– 운전자의 부주의로 생기는 교통사고를 줄일 수 있습니다.

– 누구나 자동차를 이용할 수 있습니다.

– 아침에 아버지가 출근한 후 자동차가 스스로 다시 집으로 돌아온다면 낮에 다른 가족이 사용할 수 있으므로 가정에 필요한 자동차 수를 줄일 수 있습니다.

〈단점〉

– 가격이 비쌀 수 있습니다.

– 고장이나 오류로 인해 사고가 발생할 수 있습니다.

– 해킹을 통해 범죄에 사용될 수 있습니다.

– 버스나 택시, 운송용 트럭 등 운전을 직업으로 하는 사람들이 일자리를 잃을 것입니다.

7. 여러분은 자율주행 자동차의 알고리즘을 만드는 개발자입니다. 다음과 같은 상황에서 자율주행 자동차가 어떤 선택을 하도록 만들지 선택하고, 그 이유를 말해 보세요.

> 늦은 밤 운전자를 태우고 해안 도로를 달리던 자율주행 자동차는 굽은 길을 돌자마자 8명의 사람을 발견했다. 이들은 자전거 동호회 사람들로, 앞서가던 자전거가 넘어지면서 뒤따르던 자전거들도 차례대로 넘어져 도로 전체에 흩어져 있는 상황이다. 자율주행 자동차는 사람들을 너무 늦게 발견하여 다음 중 1가지만 선택할 수 있다.
> 〈선택 1〉 도로에 넘어진 8명의 사람들을 치고 지나간다.
> 〈선택 2〉 도로에 넘어진 사람들을 피하기 위해 절벽 아래로 추락한다.

 예시답안

- 선택 1: 자동차에 타고 있는 사람의 안전을 가장 우선으로 하기 때문입니다.
- 선택 2: 운전자 1명의 생명보다 8명의 생명을 살리는 것이 더 가치 있는 일이라고 생각하기 때문입니다.

8. 동영상 사이트나 쇼핑 사이트에 접속할 때 내가 관심 있는 영상이나 상품을 추천해 주는 경우가 있습니다. 이러한 추천 알고리즘의 장점과 단점을 각각 말해 보세요.

 예시답안

〈장점〉
- 직접 찾지 않고도 필요한 정보를 얻을 수 있습니다.
- 검색하는 시간을 줄일 수 있습니다.

〈단점〉
- 내가 원하지 않는 영상이나 제품이 추천될 수 있습니다.
- 사람들이 스스로 선택할 기회가 줄어들 수 있습니다.

1. 다음 세 가지 일을 모두 해야 합니다. 조건을 바탕으로 가장 효율적인 일의
순서를 정하고, 그 이유를 말해 보세요.

〈출제: 조길현 선생님(브레노스 영재원)〉

〈해야 할 일〉	〈조건〉
• 학원 수업 • 두부 사기 • 미용실에서 머리 자르기	• 날씨: 여름, 최고 기온 35 ℃ • 학원 수업 시간: 저녁 8시~10시 • 미용실과 두부가게 영업시간: 밤 9시까지

 나의 답안

 예시답안

– 머리 자르기 → 두부 사기 → 학원 수업

　이유: 집에 들르지 않아 시간이 가장 적게 걸리기 때문입니다. 단, 날씨가 더우므로 두부는

학원 냉장고에 넣어두고 집에 갈 때 가져갑니다.

– 머리 자르기 → 두부 사기 → 집 → 학원 수업

　또는 두부 사기 → 집 → 머리 자르기 → 학원 수업

　이유: 날씨가 더워 두부가 상할 수 있으므로 시간이 오래 걸리더라도 두부를 산 후 집에 들

러 냉장고에 넣어 두고, 다음 일을 합니다.

2. 코로나19 바이러스로 인해 많은 사람들이 힘든 시간을 보냈습니다. 코로나19 바이러스와 같은 유행성 바이러스의 확산을 막기 위해 전 국민이 실천해야 할 사항을 체크하는 스마트폰 애플리케이션을 만들어 보급하려고 합니다. 애플리케이션을 어떤 형태로 만들면 좋을지 화면 디자인과 기능에 대해 말해 보세요.

〈출제: 김형진 선생님〉

🧠 **나의 답안**

🧠 **예시답안**

애플리케이션 화면에 5개의 메뉴 버튼이 있습니다. 차례대로 마스크 쓰기, 거리 두기, 손 소독제 바르기, 발열 체크, 외출 자제 버튼입니다. 애플리케이션을 실행하면 자동으로 5가지 메뉴가 활성화됩니다. 애플리케이션이 실행되고 있을 때 다른 사람과의 거리가 1 m 이내로 가까워지면 저절로 경고음이 울리면서 "거리를 유지하세요."라는 음성 메시지가 나옵니다. 외출하려고 집 밖을 나서면 "외출을 꼭 해야 하는지 생각해 보고 되도록 외출을 자제하세요.", "마스크를 쓰셨나요? 마스크를 꼭 쓰세요."라는 음성 메시지가 나옵니다. 공공건물에 들어갈 때는 "손 소독제를 바르고 발열 체크를 해 주세요."라는 음성 메시지가 나옵니다. 그리고 특정 기능을 사용하고 싶지 않을 때, 해당 버튼을 누르면 비활성화가 되어서 그 기능은 다시 버튼을 누르기 전까지 정지됩니다.

안쌤과 함께하는
영재교육원 면접 특강

제**7**장

실전 모의 면접 특강
-토론-

Check 1

듣기(경청) 능력 검사지

〈교육개발원 참고〉

방법 ▶ 검사 내용을 읽고 자신의 생각이나 행동과 가깝다고 생각되는 정도를 점수로 표시하세요.

	검사 내용	점수
1	나는 다른 사람의 경험이나 생각에 대해 이해하려고 많이 노력한다.	5 4 3 2 1
2	나는 다른 사람이 다음에 무슨 말을 하려는지 미리 추측하거나 알려고 하지 않는다.	5 4 3 2 1
3	친한 친구는 내가 말하는 것보다 듣기를 더 잘한다고 한다.	5 4 3 2 1
4	사람들이 나 때문에 화가 나 있으면 나는 분노나 좌절감 없이 그들 이야기를 들어줄 준비가 되어 있다.	5 4 3 2 1
5	사람들은 내가 그들의 이야기를 잘 들어주니 자기 이야기를 나에게 잘 말한다.	5 4 3 2 1
6	나는 상대방의 말의 내용뿐만 아니라 말하는 자세, 목소리 크기와 높낮이, 억양도 같이 듣는다.	5 4 3 2 1
7	사람들이 말을 하면 나는 집중하여 듣는다.	5 4 3 2 1
8	나는 다른 사람의 감정과 느낌에 감정이입이 잘 되고 잘 반응한다.	5 4 3 2 1
9	나는 내가 스트레스를 받을 때 하는 행동(남 탓하기, 대충하기, 피하기, 짜증 내기 등)을 잘 알고 있다.	5 4 3 2 1

	검사 내용	점수
10	나는 내 가족이 현재 나의 듣는 습관에 어떤 영향을 주고 있는지 잘 알고 있다.	5 4 3 2 1
11	나는 다른 사람의 말의 빠진 부분을 내가 채우기보다는 그 말의 뜻을 상대에게 다시 묻는 편이다.	5 4 3 2 1
12	나는 상대가 정확히 말하기 전까지는 상대의 말을 부정적인 방향으로 추측하지 않는다.	5 4 3 2 1
13	나는 대화 중에 상대의 마음을 읽고 추측하기보다는 그 뜻을 묻는다.	5 4 3 2 1
14	나는 사람들이 말할 때 내 의견이나 생각을 이야기하기 위해 그 말을 방해하지 않는다.	5 4 3 2 1
15	나는 대화하는 도중 화나거나 좌절하거나 두렵거나 초조할 때 내가 하는 좋지 않은 행동을 안다.	5 4 3 2 1

나의 듣기 능력 점수는 _____ 이다.

실전 모의 면접 특강 - 토론

01 거울에 비친 모습과 사진에 찍힌 모습 비교하기

스마트폰으로 자신을 비춰 보고, 사진을 찍어 비교해 보세요.
어떤 모습이 내 모습일까요?

Q

사진 속 예은이는 어떤 모습이 자신의 모습이라고 생각할까요?

예은이는 거울에 비친 모습을 통해 자신의 얼굴을 보기 때문에 좌우가 바뀐 모습이 익숙하다.
따라서 좌우가 바뀐 모습을 자신의 모습이라고 생각한다. ⓒ과 ⓒ은 좌우가 바뀐 모습이다.

02 녹음된 내 목소리와 내가 듣는 내 목소리 비교하기

다음 글을 읽으면서 내 목소리를 들어보고, 스마트폰으로 내 목소리를 녹음한 후 녹음된 내 목소리를 비교해 보세요.
어떤 목소리가 내 목소리일까요?

안쌤과 함께하는 영재교육원 면접 특강으로

면접을 연습하여 영재교육원에 합격하자!

Q

녹음된 내 목소리는 내가 듣는 내 목소리랑 왜 다를까요?

녹음된 목소리는 공기 진동만 녹음되지만 내가 듣는 목소리는 공기 진동과 골진동(뼈진동)을 같이 듣기 때문이다. 녹음된 내 목소리는 내가 듣기에는 이상하게 들리지만, 다른 사람은 녹음된 목소리가 내 목소리와 같다고 이야기한다.

03 내가 보는 내 모습과 내가 듣는 내 목소리

내가 보는 내 모습과 내가 듣는 내 목소리

① 내가 보는 내 모습은 거울을 통해 보기 때문에 좌우가 바뀐 모습

친구와 같이 찍은 사진을 보면 사진 속 내 모습은 내가 아닌 것 같다. 그러나 친구는 "나보다 잘 나왔네. 난 또 눈 감았어." 하고 말하면서 아쉬워한다.

– 눈 깜빡임이 많은 친구와 처음 사진을 같이 찍고 난 후 나눈 대화 중 –

② 내가 듣는 내 목소리는 입안의 공기 진동과 골진동(뼈진동)이 결합한 목소리

부모님께서 학교에서 열린 나의 연극 공연을 동영상으로 촬영해 주셨다. 동영상 속 나의 모습을 보면서 "난 화면발이 안 받는 것 같아."라고 말한다. 잠시 후 내 목소리가 나오면 "내 목소리가 왜 그러지? 엄마, 캠코더 성능이 더 좋은 거로 바꿔야겠어. 녹음 잘 되는 거로." 라고 말하니 부모님은 "왜~ 잘 나왔구먼. 네 목소리도 생생하게 잘 들리는데 왜 그래."라고 말한다.

– 과학 공부를 제대로 하지 않은 가족 일기 중 –

Q

다른 사람이 보는 내 모습과 다른 사람이 듣는 내 목소리를 내가 알 수 없다면 어떻게 하면 좋을까요?

- 노력해서 될 것도 아닌데, 무시하고 내 마음대로 산다.
- 다른 사람이 나에 대해서 이야기해 주는 것을 잘 경청하면서 산다.

토론 주제 발표

주제 ▶ 다른 사람의 이야기는 경청하지 않고 자기주장만 하는 학생이 있다면 선생님께 말씀드려 모둠에서 내보내야 한다.

Q

다른 사람의 이야기를 경청하지 않고 자기주장만 하는 이유는 무엇일까요?

- 다른 사람의 주장은 틀리고, 자신의 주장이 옳다고 생각하기 때문이다.
- 자신의 주장에 틀린 부분이 있지만 인정하고 싶지 않기 때문이다.

Q

모둠에서 내보내는 것이 최선일까요?

- 내보내면 이 학생은 마음에 상처를 받아 더 나빠질 수 있다.
- 이 학생은 현재 이 모둠에서 자신의 능력을 발휘하지 못하는 경우일 수도 있으니 선생님께 말씀드려 이 학생과 맞는 모둠으로 이동할 수 있게 한다.
- 모둠에서 한 학생을 포용할 수 없다면 그 모둠 또한 좋은 모둠이라고 할 수 없다. 다른 모둠원들과 함께 이 학생을 위해 어떤 노력을 할지 고민하는 것이 우선이다. 노력해 보지도 않고 선생님께 말씀드린다면 선생님께서도 이 모둠에 대한 평가를 좋지 않게 할 것이다.

Q

'지는 것이 이기는 것이다.'의 의미와 관련지을 수 있을까요?

이 학생의 주장이 맞을 수도 있기 때문에 이 학생이 주장하는 대로 진행해 본다. 만약 잘못된 결과가 나온다면 미안해하며 다음에 그렇게 하지 않을 수 있다. 이런 경우가 지는 것이 이기는 것이다. 이 방법은 이 학생이 모둠에 잘 적응하게 하는 좋은 방법이 될 수 있다.

순서	시간 (30분)	먼저 발언하는 팀				나중에 발언하는 팀			
		발언자 1	발언자 2	발언자 3	발언자 4	발언자 1	발언자 2	발언자 3	발언자 4
동전 던지기		찬성팀과 반대팀 순서 결정							
준비 시간	10분								
입안	3분								
입안	3분								
교차 질의 (작전 타임 팀별 1분)	12분								
마지막 초점	1분								
마지막 초점	1분								

Tip 영재교육원에서 토론 면접을 진행하는 기본 형태이다. 30분으로 제대로 된 토론이 진행되기 위해서는 연습이 필요하다. 주어진 주제로 토론 연습을 한 후 다음 주제 또는 예상 주제로 추가 연습을 하는 것이 좋다.

– 카페를 운영하고 있는 A씨는 길고양이가 안쓰러워 먹을 것을 주기 시작했다. 길고양이가 점점 늘어나면서 농장을 운영하는 B씨의 비닐하우스에 구멍이 뚫리고 찢어지는 일이 많아졌고 농작물의 피해도 늘어났다. '길고양이에게 먹이를 주지 말아야 한다.'는 것에 대해 토론하시오.

– 자동차는 먼 거리를 빠르게 이동할 수 있지만 사고가 나면 생명을 앗아가기도 한다. '과학 기술의 발전은 생명의 위협에도 불구하고 계속되어야 한다.'는 것에 대해 토론하시오.

– 태양광 발전은 햇빛으로 전기를 만든다. 최근 대규모 수상 태양광 발전 단지를 조성하여 해양 생태계에 영향을 주고 있다. '대규모 수상 태양광 발전 단지 조성'에 대해 토론하시오.

※ 우리 팀 입안 정리(안쌤의 삼삼한 주장법: 주장 3, 근거 3)

저희 팀은 '다른 사람의 이야기는 경청하지 않고 자기주장만 하는 학생이 있다면 선생님께 말씀드려 모둠에서 내보내야 한다.'는 주제에 (찬성 / 반대)합니다.

왜냐하면,

첫째,

근거 1

근거 2

근거 3

둘째,

근거 1

근거 2

근거 3

셋째,

근거 1

근거 2

근거 3

Tip 주장 3개, 주장마다 근거 3개씩 정리하여 의견을 펴는 것이 좋다. 상대 팀에서 반론(질문)할 부분도 예상하고 답변을 준비한다. 주장을 할 때 상대 팀이 반론하게끔 처음부터 모든 설명을 다 하지 않으면 상대 팀의 반론을 예상할 수 있으므로 반론에 대한 답변을 쉽게 할 수 있다.

※ 우리 팀 입안 정리 - 찬성 예시

저희 팀은 '다른 사람의 이야기는 경청하지 않고 자기주장만 하는 학생이 있다면 선생님께 말씀드려 모둠에서 내보내야 한다.'는 주제에 (찬성 / 반대)합니다.

왜냐하면,

첫째, 주어진 시간 안에 모둠이 수행해야 할 프로젝트를 완료할 수 없기 때문이다.

근거1 프로젝트를 진행하는 시간은 정해져 있다.

근거2 최대한 빨리 모둠원들이 의견을 모아 어떻게 해야 할지 정한 후 각자 자신이 맡은 부분을 책임감 있게 해야 프로젝트가 잘 진행된다.

근거3 정해진 시간 안에 프로젝트를 완료하지 못하면 모둠원 전체가 피해를 보게 된다.

둘째, 이 학생에게 자신이 하는 말과 행동이 옳지 않다는 것을 알려주어야 할 필요가 있기 때문이다.

근거1 다른 사람의 이야기를 경청하지 않고 자기주장만 하는 것은 모둠 활동을 할 때 올바른 자세가 아니다.

근거2 이 학생의 잘못된 말과 행동을 받아준다면 자신의 잘못을 알지 못하고 더 심해질 가능성이 크다.

근거3 이 학생의 잘못된 말과 행동을 받아준다면 다른 모둠원들도 나중에 자신과 의견이 다를 때 자기주장만 하는 경우가 생길 수 있다.

셋째, 이 학생이 현재 모둠에서는 적응을 못하지만 다른 모둠에서는 적응을 잘 할 수 있으므로 선생님께 말씀드려 모둠을 옮겨 주는 것이 좋다고 생각하기 때문이다.

근거1 한 오디션 프로그램에서 정해진 그룹별로 미션을 수행하는 과정 중 한 사람이 적응을 하지 못해 잘 어울릴 수 있는 그룹으로 옮겨 주었더니 그 그룹에서는 적응을 잘하여 자신의 능력을 발휘할 수 있었던 사례가 있다.

근거2 이 학생은 현재 모둠에 자신과 맞지 않는 학생이 있을 수 있다.

근거3 이 학생이 어떤 이유로 모둠에서 나가고 싶어서 일부러 하는 행동일 수 있다.

※ 우리 팀 입안 정리 - 반대 예시

저희 팀은 '다른 사람의 이야기는 경청하지 않고 자기주장만 하는 학생이 있다면 선생님께 말씀드려 모둠에서 내보내야 한다.'는 주제에 (찬성 /(반대))합니다.

왜냐하면,

첫째, 이 학생의 주장이 옳을 수도 있기 때문이다.

`근거1` 1500년대 코페르니쿠스는 지구가 돌고 있다는 지동설을 발표했다. 하지만 약 2000년 동안 천동설이 진리로 받아들여지고 있어 처음에는 코페르니쿠스의 지동설은 받아들여지지 않았다.

`근거2` 소수의 의견도 존중해야 한다.

`근거3` 소수의 의견이 옳을 수도 있다.

둘째, 학생이 모둠원으로 적응할 수 있도록 노력을 하는 것이 먼저이기 때문이다.

`근거1` 이 학생을 모둠에서 내보내고 다른 학생이 우리 모둠원으로 온다고 하여 그 학생이 우리 모둠원과 의견이 잘 맞는다고 할 수 없다.

`근거2` 모둠에서 한 학생을 포용할 수 없다면 그 모둠 또한 좋은 모둠이라고 할 수 없다.

`근거3` 다 같이 모둠의 단합을 위해 노력하지 않는다면 어떤 학생이 와도 단합되기 힘들 것이다.

셋째, '지는 것이 이기는 것이다.'라는 말이 있다. 이 학생이 주장하는 대로 진행하고, 그 결과로 주장이 틀렸다는 것을 보여줄 수 있기 때문이다.

`근거1` 잘못된 결과를 근거로 하여 보고서를 쓰는 것도 좋은 보고서가 될 수 있다.

`근거2` 잘못된 결과가 나오면 방법을 수정하여 다시 실험하면 된다.

`근거3` 만약 잘못된 결과가 나온다면 이 학생이 미안해하며 다음에는 자기주장만 하지 않을 것이다. 이 방법은 이 학생이 모둠에 잘 적응하게 하는 좋은 방법이 될 수 있다.

✎ **토론에서 상대 팀 발언 내용을 메모하는 것이 핵심!**

※ 상대 팀 주장

저희 팀은 '다른 사람의 이야기는 경청하지 않고 자기주장만 하는 학생이
있다면 선생님께 말씀드려 모둠에서 내보내야 한다.'는 주제에
(찬성 / 반대)합니다.
왜냐하면,

첫째,

근거1

근거2

근거3

둘째,

근거1

근거2

근거3

셋째,

근거1

근거2

근거3

※ 날카로운 질문

Tip 객관적으로 타당한 것인지 아닌지를 중점적으로 하여 질문한다. 상대팀의 말실수를 약점으로 언쟁을 벌이는 질문은 감점의 요소가 있다.

날카로운(예리한) 질문의 특징

- 상대팀 주장의 근거로 적절하지 않거나 고려하지 못한 부분은 어느 부분인가?

- 예를 통해 내린 일반화, 결론이 타당한가?

※ 마지막 초점(세 가지 주장 중 한 가지만 강조하고 마무리)

저희 팀은 '다른 사람의 이야기는 경청하지 않고 자기주장만 하는 학생이 있다면 선생님께 말씀드려 모둠에서 내보내야 한다.'는 주제에 (찬성 / 반대)합니다.

왜냐하면,

주장,

근거 1

근거 2

근거 3

그러므로 저희 팀은 '다른 사람의 이야기는 경청하지 않고 자기주장만 하는 학생이 있다면 선생님께 말씀드려 모둠에서 내보내야 한다.'는 주제에 (찬성 / 반대)합니다.

06 토론 평가 체크리스트

5점: 매우 그렇다.   4점: 그런 편이다.   3점: 보통이다.   2점: 별로 그렇지 않다.   1점: 전혀 그렇지 않다.

평가 항목	찬성팀	반대팀
주장을 발표함에 있어서 명확하고, 명료한가?	5 4 3 2 1	5 4 3 2 1
기본 입장에 있어서 타당한 근거를 제시하는가?	5 4 3 2 1	5 4 3 2 1
상대 팀의 주장을 예상하고, 그 부적절성의 근거를 잘 제시하는가?	5 4 3 2 1	5 4 3 2 1
주장의 근거를 논리적이고 정확하게 표현하는가?	5 4 3 2 1	5 4 3 2 1
정해진 시간 내에 적절한 속도와 성량으로 바르게 발표하는가?	5 4 3 2 1	5 4 3 2 1
상대 팀의 문제점이나 모순점을 잘 지적하는가?	5 4 3 2 1	5 4 3 2 1
예리한 질문을 얼마나 하는가?	5 4 3 2 1	5 4 3 2 1
상대 팀의 주장을 알고 정확히 언급하는가?	5 4 3 2 1	5 4 3 2 1
질문의 요점을 간단명료하게 제시하는가?	5 4 3 2 1	5 4 3 2 1
시간을 지키며, 태도는 예의 바른가?	5 4 3 2 1	5 4 3 2 1
답변이 우리 팀 입안의 주장과 모순되지 않는가?	5 4 3 2 1	5 4 3 2 1
초점을 회피하거나 엉뚱한 대답을 하지 않는가?	5 4 3 2 1	5 4 3 2 1
답변은 논리적이며, 근거는 명확한가?	5 4 3 2 1	5 4 3 2 1
상대 팀의 질문에 제대로 방어하는가?	5 4 3 2 1	5 4 3 2 1
팀원들이 모두 토의에 열심히 참여하는가?	5 4 3 2 1	5 4 3 2 1
지금까지의 우리 팀의 주장과 모순되지 않는가?	5 4 3 2 1	5 4 3 2 1
결론이 논리적이며, 근거가 분명한가?	5 4 3 2 1	5 4 3 2 1
명료하게 잘 정리되었는가?	5 4 3 2 1	5 4 3 2 1
총점	점	점

안쌤과 함께하는
영재교육원 면접 특강

부록

① 성격 유형 검사

② 면접 대비 방법

③ 영재교육원 면접 기출문제

④ 자기소개서 작성 요령

⑤ 영재성 입증 자료 작성 요령

⑥ AI 면접 온라인 프로그램

 성격 유형 검사

01 성격 유형 검사지

〈한국 MBTI 연구소 참고〉

방법 이 검사는 정답이 없으므로 자신이 습관처럼 편안하고 자연스럽게 행동하는 것과 가깝다고 생각하는 것에 표시하세요.

	E 외향	I 내향	
여기저기에 친구나 아는 사람들이 많다.			친한 친구가 없는 모임에 가면 매우 불편해진다.
처음 보는 사람과도 쉽게 얘기를 잘하는 편이다.			친구를 쉽게 사귀지 못하고 오래 지나야 친해진다.
많은 사람에 대한 소식이나 소문에 밝은 편이다.			침착하고 조용하다는 말을 많이 듣는다.
대화 중에 당황스러운 상황에 처했을 때 농담으로 받아넘긴다.			자신의 감정과 느낌을 표현하기보다 자신 안에 묻어두는 편이다.
활발하고 적극적이라는 말을 자주 듣는다.			남의 말을 잘 들어준다.
하고 싶은 말은 자유롭게 표현하는 편이다.			부끄러움을 쉽게 탄다.
기분을 잘 드러내기 때문에 남들이 자기 기분을 금방 알게 된다.			대화 중 당황스러운 상황에 처하면 며칠 후 그때 이 얘기를 했어야 한다고 생각한다.
시간이 걸리는 일에 싫증을 내고 새로운 놀이나 활동을 원한다.			낯선 곳에 심부름하러 가기를 매우 주저한다.
혼자 조용히 있기보다 사람들과 어울리는 것을 좋아한다.	계	계	알고 있는 것도 바로 대답하지 않는다.
모임에서 말을 많이 하고 적극적으로 행동한다.			먼저 신중히 생각한 후에 행동하는 편이다.

나의 성격 유형은? E / I

✎ **선택한 수가 같으면 둘 중 하나를 선택합니다.**

	S 감각	N 직감	
주변 사람들의 외모나 다른 특징을 자세히 기억한다.			상상 속에서 이야기를 잘 만들어 내는 편이다.
꾸준하고 참을성이 있다는 말을 자주 듣는다.			종종 물건들을 잃어버리거나 어디에 두었는지 기억을 못 할 때가 있다.
비유적이고 상상적인 표현보다는 구체적이고 정확한 표현을 더 잘 이해한다.			창의력과 상상력이 풍부하다는 말을 자주 듣는다.
실제적이고 현실감각이 있는 사람이라는 말을 듣길 좋아한다.			다른 아이들이 생각지도 않은 엉뚱한 행동이나 생각을 할 때가 종종 있다.
손으로 만지거나 조작하는 것을 좋아한다.			질문이 많은 편이다.
꼼꼼하다는 말을 많이 듣는다.			신기한 것에 관심이 많다.
새로운 일보다는 늘 하는 익숙한 일이나 활동을 더 하려고 한다.			이것저것 새로운 것들에 관심이 많고 새로운 것을 배우는 것을 좋아한다.
새롭게 창조하기보다 남들이 하는 대로 따라 하는 것이 편하다.			지금 상황보다는 앞으로가 더 중요하다고 생각한다.
눈에 너무 띄지 않는 무난한 옷차림을 좋아한다.	계	계	장난감을 분해하고 탐색하는 것을 좋아한다.
공부할 때 세부적인 내용을 더 잘 암기할 수 있다.			언제나 새로운 아이디어를 만들어 내는 친구와 사귀고 싶다.

┌─────────────────────────────────────┐
│ **나의 성격 유형은? S / N** │
└─────────────────────────────────────┘

✎ **선택한 수가 같으면 둘 중 하나를 선택합니다.**

	T 사 고	F 감 정	
'왜'라는 질문을 자주 한다.			부모님이나 선생님의 말씀을 잘 듣는 편이다.
의지와 끈기가 강하고 참을성이 있다는 말을 자주 듣는다.			인정이 많고 순하다는 말을 많이 듣는다.
궁금한 것이 있으면 꼬치꼬치 따져서 궁금증을 풀려고 한다.			주위에 불쌍한 사람이나 친구들이 있으면 마음이 아프다.
야단을 맞거나 벌을 받아도 눈물을 잘 보이지 않는다.			야단을 맞거나 벌을 받으면 눈물부터 나온다.
한번 마음먹은 일은 꾸준히 밀고 나간다.			친구들이 하는 말이나 행동에 민감하다.
올바르고 정직한 것을 중요시한다.			벌을 받으면 쉽게 잘못했다고 하는 편이다.
논리적이고 자세한 설명으로 부모나 친구들을 잘 설득한다.			양보를 잘한다.
TV나 책에서 경찰관이 악당을 벌주는 내용이 나오면 좋아한다.			칭찬이나 인정받는 것을 좋아한다.
게임을 할 때도 경쟁적인 것을 좋아하고 규칙을 중요시한다.	계	계	감정에 치우쳐서 자기의 상황을 제대로 설명하지 못하는 편이다.
자기 입장을 잘 설명할 수 있는 편이다.			자기주장보다는 전체적으로 조화롭게 지내기를 원한다.

나의 성격 유형은? T / F

✎ 선택한 수가 같으면 둘 중 하나를 선택합니다.

	J 판단	P 인식	
생활계획표를 짜놓고 그 계획표에 따라 생활하는 것을 좋아한다.			계획을 잘 세우지 않고 일이 생기면 그때그때 처리하는 편이다.
시험 보기 전에 미리 여유 있게 공부 계획표를 짜 놓는다.			어떤 일을 할 때 한꺼번에 한다.
마지막 순간에 쫓기면서 일하는 것을 싫어한다.			방이 어수선하게 흐트러져 있어도 신경 쓰지 않는다.
목표가 뚜렷하고 자신의 의견을 분명히 표현하는 편이다.			주변에서 일어나는 일에 호기심이 많고 새로운 상황에 잘 적응한다.
친구를 만날 때 미리 나가서 기다리는 편이다.			남의 지시에 따르기보다 자기 스스로 행동하는 것을 좋아한다.
학교나 친구들 모임에서 책임 있는 일을 맡고 싶어 한다.			자기 물건을 잘 나누어 주고 덜 챙기는 편이다.
맡은 일에는 최선을 다한다.			자기 의견을 강하게 주장하지 않는 편이다.
깨끗이 정돈된 상태를 좋아하여 방이나 책상을 깨끗이 정리한다.			여행 갈 때 준비가 없어도 그냥 떠난다.
여행하기 전에 미리 그곳에 대한 정보를 수집한다.	계	계	새롭게 시작하는 일은 많으나 마무리하는 일은 적다.
계획에 없던 일들이 발생하면 불안해진다.			짜인 시간표대로 따르는 것은 답답하다.

나의 성격 유형은? J / P

나의 성격 유형은 [ ][ ][ ][ ] 입니다.

ISTJ - 세상의 소금형

신중하고 조용하고 집중력이 강하고 매사에 철저하며 사리 분별이 뛰어나다.

실제 사실을 정확하고 체계적으로 기억하고 일 처리에도 신중하며 책임감이 강하다. 집중력이 강한 현실감각을 지녔으며 조직적이고 침착하다. 보수적인 경향이 있고, 문제를 해결하는 데 과거의 경험을 잘 적용하며, 반복되는 일상적인 일에 대한 인내력이 강하다. 자신과 타인의 감정과 기분을 배려하고, 전체적이고 타협적 방안을 고려하는 노력이 때로 필요하다. 정확성과 조직력을 발휘하는 분야의 일을 좋아한다. 회계, 법률, 생산, 건축, 의료, 사무직, 관리직 등에서 능력을 발휘하며, 위기 상황에서도 안정되어 있다.

ISFJ - 임금 뒷편의 권력형

조용하고 차분하며 친근하고 책임감이 있으며 헌신적이다.

책임감이 강하고 온정적이며, 헌신적이고 침착하며, 인내력이 강하다. 다른 사람의 사정을 고려하며, 자신과 타인의 감정에 민감하고, 일 처리에 있어서 현실감각을 가지고 실제적이고 조직적으로 처리한다. 경험을 통해서 자신이 틀렸다고 인정할 때까지 꾸준히 밀고 나가는 형이다. 때로는 의존적이고 독창성이 요구되며 타인에게 자신을 충분히 명확하게 표현하는 것이 필요할 때가 있다. 타인의 관심과 관찰력이 필요한 분야, 의료, 간호, 교직, 사무직, 사회사업에 적합하다.

ISTP - 백과사전형

조용하고 과묵하며, 상황을 파악하는 민감성과 도구를 다루는 능력이 뛰어나다.

말이 없으며, 객관적으로 인생을 관찰하는 형이다. 필요 이상으로 자신을 발휘하지 않으며, 일과 관계되지 않는 이상 어떤 상황이나 인간관계에 직접 뛰어들지 않는다. 가능한 에너지 소비를 하지 않으려 하고, 사실적 자료를 정리하고 조직하길 좋아하며, 기계를 만지거나 인과 관계나 객관적 원리에 관심이 많다. 연장, 도구, 기계를 다루는 데 뛰어나고 사실들을 조직화하는 재능이 많으므로 법률, 경제, 마케팅, 판매, 통계 분야에 능력을 발휘한다. 민첩하게 상황을 파악하는 능력이 있고, 느낌이나 감정, 타인에 대한 마음을 표현하기 어려워한다.

INFJ - 예언자형

인내심이 크고 통찰력과 직관력이 뛰어나며 양심이 바르고 화합을 추구한다.

창의력과 통찰력이 뛰어나며, 강한 직관력으로 말없이 타인에게 영향력을 끼친다. 독창성과 내적 독립심이 강하며, 확고한 신념과 열정을 가진 정신적 지도자들이 많다. 직관력과 사람 중심의 가치를 중시하는 분야, 성직, 심리학, 심리치료와 상담, 예술과 문학 분야에 적합하다. 순수과학이나 연구 개발 분야에서 새로운 시도를 좋아한다. 한 곳에 몰두하는 경향이 강해 목적 달성에 필요한 주변 조건들을 경시하기 쉽고, 내적 갈등이 많고 복잡하다. 풍부한 내적 생활을 소유하고 있으며, 내면의 반응을 좀처럼 남과 공유하기 어려워한다.

ISFP – 성인군자형

말없이 다정하고 온화하며, 친절하고 연기력이 뛰어나며 겸손하다.

말없이 다정하고, 속마음이 따뜻하고 친절하다. 그러나 상대방을 잘 알게 될 때까지 이 따뜻함을 잘 드러내지 않는다. 동정적이며 모든 성격 유형 중에서 자기 능력에 대해 가장 겸손하고, 적응력과 관용성이 많다. 자신의 의견이나 가치를 타인에게 강요하지 않으며, 반대 의견이나 충돌을 피하고 사람들과의 화합을 중시한다. 인간과 관계되는 일을 할 때 자신과 타인의 감정에 지나치게 민감하고, 결정력과 추진력이 필요할 때가 많다. 일상 활동에 있어서 관용적, 개방적, 융통성, 적응력이 있다.

INTP – 아이디어 뱅크형

조용하고 과묵하며 논리와 분석으로 문제를 해결하기 좋아한다.

과묵하나 관심 있는 분야에 대해서는 말을 잘하고 이해가 빠르다. 높은 직관력으로 문제를 통찰하고, 지적 호기심이 많다. 개인적인 인간관계나 친목회 혹은 잡담 등에 별로 관심이 없으며, 매우 분석적이고 논리적이며 객관적 비평을 잘한다. 지적 호기심을 발휘할 수 있는 분야, 순수과학, 연구, 수학, 엔지니어링 분야나 추상적 개념을 다루는 경제, 철학, 심리학 분야의 학문을 좋아한다. 지나치게 추상적이고 비현실적이며 사교성이 결여되기 쉬운 경향이 있고, 때로는 자신의 지적 능력을 은근히 과시하는 경우가 있기 때문에 거만하게 보일 수 있다.

INFP – 잔다르크형

정열적이고 충실하며 소박하고 낭만적이며 내적 신념이 깊다.

마음이 따뜻하고 조용하며 자신이 관계하는 일이나 사람에 대하여 책임감이 강하고 성실하다. 이해심이 많고 관대하며 자신이 지향하는 이상에 대하여 정열적인 신념을 가졌으며, 남을 지배하거나 좋은 인상을 주고자 하는 경향이 거의 없다. 완벽주의적 경향이 있으며, 노동의 대가를 넘어서 자신이 하는 일에 흥미를 찾고자 하는 경향이 있다. 인간 이해와 인간 복지에 기여할 수 있는 일을 하기 원한다. 언어, 문학, 상담, 심리학, 과학, 예술 분야에서 능력을 발휘한다. 자신의 이상과 현실이 안고 있는 실제 상황을 고려하는 능력이 필요하다.

INTJ – 과학자형

사고가 독창적이며 창의력과 비판분석력이 뛰어나며 내적 신념이 강하다.

행동과 사고에 있어 독창적이며 강한 직관력을 지녔다. 자신이 가진 영감과 목적을 실현하려는 의지와 결단력과 인내심을 가지고 있다. 자신과 타인의 능력을 중요시하며, 목적 달성을 위하여 모든 시간과 노력을 바쳐 일한다. 직관력과 통찰력이 활용되는 분야, 과학, 엔지니어링, 발명, 정치, 철학 분야 등에서 능력을 발휘한다. 냉철한 분석력 때문에 일과 사람을 있는 그대로의 사실적인 면을 보려고 하는 노력이 필요하며, 타인의 감정을 고려하고 타인의 관점에 진지하게 귀 기울이는 것이 바람직하다.

ESTP - 수완 좋은 활동가형

현실적인 문제해결에 능하며 적응력이 강하고 관용적이다.

사실적이고 관대하며, 개방적이고 사람이나 일에 대한 선입관이 별로 없다. 강한 현실감각으로 타협책을 모색하고 문제를 해결하는 능력이 뛰어나다. 적응을 잘하고 친구를 좋아하며 긴 설명을 싫어하고, 운동, 음식, 다양한 활동 등 주로 오감으로 보고, 듣고 만질 수 있는 생활의 모든 것을 즐기는 형이다. 순발력이 뛰어나며 많은 사실을 쉽게 기억하고, 예술적인 멋과 판단력을 지니고 있으며, 연장이나 재료를 다루는 데 능숙하다. 논리 분석적으로 일을 처리하고, 추상적인 아이디어나 개념에 대해 별로 흥미가 없다. 직업은 엔지니어링, 경찰직, 요식업, 신용조사, 마케팅, 건강 공학, 건축, 생산, 레크리에이션 등이 적합하다.

ESTJ - 사업가형

구체적, 현실적, 사실적이며 활동을 조직화하고 알맞게 처리하는 지도력이 있다.

실질적이고 현실감각이 뛰어나며, 일을 조직하고 계획하여 추진시키는 능력이 있다. 기계 분야나 행정 분야에 재능을 지녔으며, 체계적으로 사업체나 조직체를 이끌어 나간다. 타고난 지도자로서 일의 목표를 설정하고, 지시하고 결정하고 이행하는 능력이 있다. 결과를 눈으로 볼 수 있는 일, 사업가, 행정관리, 생산, 건축 등의 분야에서 능력을 발휘할 수 있다. 속단 속결하는 경향과 지나치게 업무 위주로 사람을 대하는 경향이 있으므로 인간 중심의 가치와 타인의 감정을 충분히 고려해야 한다. 또, 미래의 가능성보다 현재의 사실을 추구하기 때문에 현실적, 실용적인 면이 강하다.

ESFJ - 친선도모형

마음이 따뜻하고 이야기하기 좋아하며, 양심 바르고 화합을 잘 시킨다.

동정심이 많고 다른 사람에게 관심을 쏟고 화합을 중요하게 생각한다. 타고난 협력자로써 동료애가 많고 친절하며 능동적이다. 이야기하기를 즐기며 정리 정돈을 잘하고 참을성이 많으며 다른 사람을 잘 도와준다. 사람을 다루고 행동을 요구하는 분야, 교직, 성직, 판매, 특허, 동정심을 필요로 하는 간호나 의료 분야에 적합하다. 일이나 사람들에 대한 문제에 대하여 냉철한 입장을 취하는 것을 어려워한다. 반대 의견에 부딪혔을 때나 자신의 요구가 거절당했을 때 마음의 상처를 받는다.

ESFP - 사교적인 유형

사교적이고 활동적이며 수용적이고 친절하며 낙천적이다.

현실적이고 실제적이며 친절하다. 어떤 상황이든 잘 적응하며 수용력이 강하고 사교적이다. 주위의 사람이나 일어나는 일에 대하여 관심이 많으며, 사람이나 사물을 다루는 사실적인 상식이 풍부하다. 물질적 소유나 운용 등의 실생활을 즐기며, 상식과 실제적 능력을 필요로 하는 분야, 의료, 판매, 교통, 유흥업, 간호직, 사무직, 감독직, 기계를 다루는 분야를 선호한다. 때로는 조금 수다스럽고, 깊이가 결여되거나 마무리를 등한시하는 경향이 있으나, 어떤 조직체나 공동체에서 밝고 재미있는 분위기를 조성하는 역할을 잘한다.

ENFP - 스파크형

따뜻하고 정열적이고 활기 넘치며 재능이 많고 상상력이 풍부하다.

온정적이고 창의적이며 항상 새로운 가능성을 찾고 시도한다. 문제 해결에 재빠르고 관심이 있는 일은 무엇이든지 수행해내는 능력과 열성이 있다. 다른 사람들에게 관심을 쏟으며 사람들을 잘 다루고 뛰어난 통찰력으로 도움을 준다. 상담, 교육, 과학, 저널리스트, 광고, 판매, 성직, 작가 등의 분야에서 뛰어난 재능을 보인다. 반복되는 일상적인 일을 참지 못하고 열성이 나지 않는다. 또한, 한 가지 일을 끝내기도 전에 몇 가지 다른 일을 또 벌이는 경향을 가지고 있다. 통찰력과 창의력이 요구되지 않는 일에는 흥미를 느끼지 못하고 열성을 불러일으키지 못한다.

ENFJ - 언변 능숙형

따뜻하고 적극적이며 책임감이 강하고 사교성이 풍부하고 동정심이 많다.

민첩하고 동정심이 많고 사교적이며 화합을 중요시하고 참을성이 많다. 다른 사람들의 생각이나 의견에 진지한 관심을 가지고 공동선을 위하여 다른 사람의 의견에 대체로 동의한다. 현재보다는 미래의 가능성을 추구하며, 편안하고 능란하게 계획을 제시하고 집단을 이끌어 가는 능력이 있다. 사람을 다루는 교직, 성직, 심리 상담 치료, 예술, 문학, 외교, 판매에 적합하다. 때로는 다른 사람들의 좋은 점을 지나치게 이상화하고 맹목적 충성을 보이는 경향이 있으며, 다른 사람들에 대해서도 자기와 같을 것이라고 생각하는 경향이 있다.

ENTJ - 지도자형

열성이 많고 솔직하고 단호하고 지도력과 통솔력이 있다.

활동적이고 솔직하며, 결정력과 통솔력이 있고, 장기적 관점에서 전체적으로 분석하고 파악하는 것을 좋아한다. 지식에 대한 욕구와 관심이 많으며, 특히 지적인 자극을 주는 새로운 아이디어에 높은 관심을 가진다. 일 처리에 있어 사전 준비를 철저히 하며, 논리 분석적으로 계획하고 조직하여 체계적으로 추진해 나가는 것을 좋아한다. 다른 사람의 의견에 귀를 기울일 필요가 있으며, 자신과 타인의 감정에 충실할 필요가 있나. 사신의 느낌이나 김정을 인징하고 표현하는 것이 중요하며, 성급한 판단이나 결론을 피해야 한다. 그렇지 않으면 누적된 감정이 크게 폭발할 가능성이 있다.

ENTP - 발명가형

독창적이고 창의력이 풍부하며, 풍부한 상상력으로 새로운 일에 시도를 잘한다.

길게 설명하는 것을 싫어하고 한 번 들은 이야기를 또 듣는 것을 싫어한다. 다양한 부분에 관심이 많고 이해력이 매우 높다. 관심 분야는 매우 잘 알지만 관심이 없는 부분은 거의 알지 못한다. 동시에 여러 가지 일을 빠르게 처리하는 능력이 있지만 끈기 있게 한 가지 일을 처리하고 마무리하지는 못한다. 의사소통 능력이 탁월하고 새로운 것을 빨리 흡수하므로 비즈니스 분야, 프로젝트 관리자, 변호사, 판사, 심리학자, 외과 의사, 새무 상남사, 마세팅, 컨실런트에 적합하다. 현실보다 이론을 중요하게 생각하므로 현실성을 기르고 일상 규범 표준 절차를 잘 지키려는 노력이 필요하다.

내 성격의 장점과 단점을 쓰고, 나의 이미지를 한 단어로 표현해 보세요.

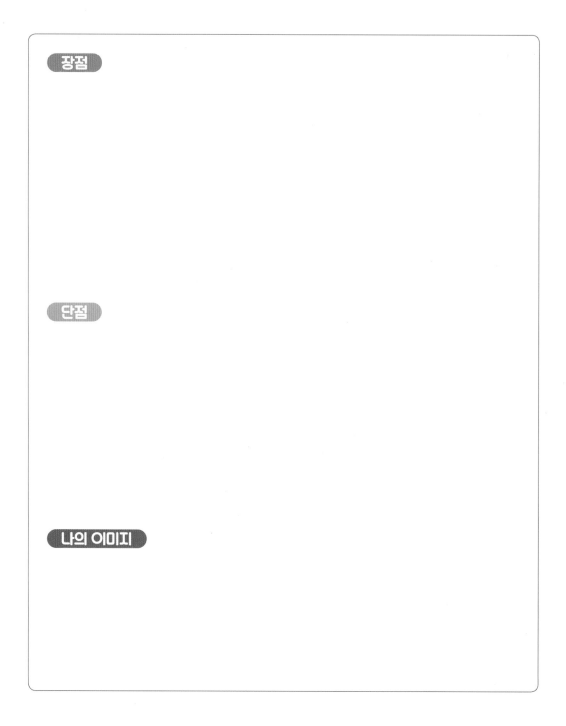

장점

단점

나의 이미지

Ⅱ 면접 대비 방법

면접은 학생들이 기록한 기록물 등의 서류의 진정성과 일관성을 확인하는 내용으로 진행되었다. 일부 대학에서는 조별로 다른 면접 문제가 주어졌다.

인성 면접, 심층 면접에서는 지원자가 제출한 서류의 내용을 검증하게 된다. 서류를 통해 피력한 관심 분야에 대한 열정과 진정성, 일관성 등과 함께 여러 사람과 어울릴 수 있는 사회성도 같이 평가한다. 이와 관련해서는 뒤에 자세히 정리하겠지만 간단히 정리하면 지원 동기, 좋아하는 과목과 그 이유, 싫어하는 과목과 대처법, 학습 태도 및 방법, 존경하는 사람과 그 업적/이유, 본인의 진로에 대한 고민, 친구들의 평가 등의 질문을 통해 지원자를 평가한다.

– 대치맘만 듣던 초등 영재들의 수학 학습법Ⅱ 도서 발췌 –

01 면접의 순서 및 자세

최초 3분

면접은 최초 3분이 매우 중요하다. 이 시간 동안 지원자는 면접관에 대해 역면접을 하게 되며, 서로가 첫인상을 바탕으로 나름대로 평가를 하게 된다. 이 최초의 3분에서 어떤 자세와 태도를 가지고 있느냐에 따라 나머지 시간의 활용과 효과가 달라진다. 지원자는 긍정적인 정보를 먼저 말하는 것이 좋다. 면접관이 긍정적인 정보를 먼저 접하면 그 다음 질문이나 필요 요건을 수용적으로 평가하는 반면, 부정적인 정보를 먼저 접하면 여기에 영향을 받아 평가에도 부정적인 영향을 줄 수 있는 심리 오류를 범할 수 있기 때문이다. 평가 기준이 존재하지만 좋은 인상은 평가에 영향을 미칠 수 있는 소지가 충분히 있으므로 지원자는 이 최초의 3분에서 면접관에게 좋은 인상을 주어야 한다.

② 면접 종류

면접 및 구술시험은 크게 3가지로 구분될 수 있다. 개인 면접, 집단 면접 그리고 집단 토론식 면접이다. 면접의 객관성을 유지하기 위해 보통 면접자(평가자)는 2인 이상이다. 면접은 얼굴을 맞대고 언어를 매개로 하여 면접자와 학생 간의 상호 작용을 통하여 학생이 지닌 특성을 분석하는 방법이다. 면접을 통해서 지필 검사로 측정할 수 없는 학생들의 신체적 특성이나 성격, 정서, 행동 특성을 면접관의 눈을 통하여 직접 측정하는 데 목적이 있다. 즉, 면접은 면접관의 직접 관찰을 통하여 응시하는 학생이 가지고 있는 특성들을 객관적인 태도로 종합적으로 평가하는 방법이라 할 수 있다.

③ 면접에 임하는 자세와 태도

면접에서는 면접에 임하는 자세와 태도 또한 중요하다. 면접이라는 방법을 통해서 다양한 질문과 응답이 오갈 것이다. 이러한 과정에서 응시자는 응답 내용뿐만 아니라 면접에 임하는 자세와 태도를 통해서도 평가받게 되므로 여러 가지 측면에서 준비해야 한다. 따라서 면접에 임하는 응시자는 진지한 태도를 보이되 지나치게 경직되거나 긴장하지 않도록 마음의 여유를 갖고 안정된 상태를 유지하도록 노력한다.

(4) 면접 순서

경우에 따라서 조금 달라질 수 있지만 보통 다음과 같은 순서로 진행된다.

입실에서 퇴실까지가 면접관과 대하는 시간이다. 입실한 후 바로 인사를 공손히 하고, 소리가 나지 않도록 살며시 문을 닫는다. 이때 시선은 면접관을 향하고 손을 뒤로 돌려 문을 닫는다. 자리에 앉기 바로 전에 다시 인사를 하고 앉는다. 면접이 끝나고 나올 때도 인사를 하고 퇴실 전 문을 열고 다시 한번 인사를 하면서 문고리를 돌려 문을 살짝 닫아서 소리가 나지 않도록 한다. 인사를 하는 것은 기본적으로 해야 할 일이다. 면접의 내용과 상관없이 예의 바른 인상을 주는 것은 당락에 영향을 미칠 수 있다.

(5) 면접 시 주의할 점

면접 시 질문과 답변이 오고 갈 때 주의해야 할 점들이 있다. 질문을 끝까지 잘 듣고, 질문을 제대로 듣지 못했을 경우 "~~~를 질문하시는 것이 맞습니까?" 하고 질문 내용을 다시 확인하고 대답한다. 또 질문을 듣고 잠시 생각을 정리한 뒤 평소에 생각한 바를 정확하고 또렷하게 말하고 말꼬리를 흐리지 않는다. 그리고 자신이 모르는 말, 불확실한 말, 비어, 속어 등을 사용하지 않는다. 또한 올바른 경어를 사용한다. 만약 추가 질문을 받았을 경우 침착하게 면접관의 질문 의도를 파악하고, 앞서 대답한 내용과 일관성을 갖도록 대답해야 한다.

02 면접 연습 방법

면접은 말로 하는 논술시험이기 때문에 지필시험과 달리 다양한 추가 질문이 가능하다. 따라서 문제의 형태는 지필시험과 같아 보이지만, 그 성격은 아주 다르다. 심층 면접은 기본적인 교과 개념의 이해뿐만 아니라 문제를 어떻게 창의적으로 해결하는가에 대한 부분을 매우 중요하게 평가하는 시험이다.

심층 면접을 준비하기 위해서는

첫째, 초·중·고 교과서에 나오는 개념에 대해 정확하게 이해하고 관련된 용어들을 올바르게 구사할 수 있어야 한다.

둘째, 수학, 과학, 진로 등 관련 분야에 대한 끊임없는 관심과 흥미를 가지고 역사적으로 유명한 수학, 과학 문제들을 찾아 살펴보아야 한다.

이처럼 심층 면접은 하루아침에 준비할 수 있는 시험이 아니다. 그렇다고 해서 지나친 두려움을 가질 필요도 없다. 심층 면접은 대부분 모범 답안이 존재하지 않는다. 따라서 관련 분야에 대한 꾸준한 독서와 이해를 바탕으로 자신의 생각을 분명하게 전달할 수 있으면 충분하다.

관련 분야에 대해서 꾸준히 관심을 가지고 탐구해 간다면 반드시 좋은 결과를 얻을 수 있을 것이다.

📝 면접 대비 연습 순서

❶ 지원하는 학교의 인재상과 평가 하위 요소 및 세부 평가 요소를 파악한다.

❷ 자기소개서에 작성한 내용을 바탕으로 평가 요소 및 주요 확인 요소를 파악한다.

❸ 면접에서 주어진 문제 및 질문 파악: 제시된 문제를 잘 읽고 출제 의도를 파악하는 부분이다. 학생들은 문제에 대하여 충분히 이해한 후 신중하게 문제를 해결하기 위한 시도를 해야 한다.

❹ 생각 표현하기: 수학/과학 심층 면접 및 구술시험은 지필시험과 그 시험 방식만 다를 뿐 문제의 출제 방향은 지필시험과 크게 다르지 않다. 다만 '추가 질문이 가능하다.'라는 것이 크게 다른 점이다. 학생들은 주어진 문제를 해결하고, 답변을 발표하기 전까지 스스로 발표할 내용 및 과정을 구성해 볼 필요가 있다. 이전에 출제된 예시 문제에서 답안을 작성해 본 후, 학생들이 실제 시험인 것처럼 모의 발표하고, 교사나 학부모는 평가자의 입장이 되어 추가 질문할 수 있도록 연습하는 것이 좋다.

❺ 내용 수정: "생각 표현하기"에서 작성한 답안을 실제 심층 면접인 것처럼 직접 발표한 후, 교사나 학부모가 평가자로서 추가 질문을 한 후 학생들이 직접 자신의 답안을 수정해 본다.

❻ 필요한 수학·과학 지식 연습: 기출문제를 해결하는 데에 필요한 수학적·과학적 개념과 원리, 아이디어들을 알아보고, 연습하여 자기 지식으로 만들기 위한 노력을 한다.

❼ 비슷하고, 다르게 다시 해 보기: 기출문제와 유사하거나 좀 더 심화된 형태의 문제들을 추가로 해결해 본다.

03 제출한 서류(자기소개서, 영재성 입증 자료)와 관련된 면접 질문

1 제출한 서류와 관련된 면접 질문

❶ 학교생활에서 가장 열심히 도전했던 과제는 무엇인지 말해 보세요.

❷ 왜 그 과제에 도전하려고 했는지 말해 보세요.

❸ 그 과제에 대한 도전을 통해 얻은 성과 혹은 효과는 무엇인지 말해 보세요.

❹ 그 성과 혹은 효과는 자신에게 어떤 변화를 가져왔는지 말해 보세요.

❺ 그 과제에 도전하는 중에 가장 힘겨웠던 점은 무엇이었는지 말해 보세요.

❻ 힘겨웠던 점을 어떠한 방법으로 해결해 나갔는지 말해 보세요.

❼ 그 과제에 도전하면서 가장 여러 가지로 연구를 했던 것은 무엇인지 말해 보세요.

2 제출한 서류의 주요 확인 요소

❶ 나름대로 충분히 고려하여 도전한 과제가 있었는가?
  자신이 도전하려고 한 것이 아니라 어쩔 수 없이 해야 했던 것은 아닌가?

❷ 충분한 가치와 의미가 있는 성과가 창출되었는가?
  성과라 할 수 없는 성과, 의미 없는 성과는 아닌가?

❸ 도전할 만한 어려운 과제였는가?
  간단한 상황으로 누구나 해 볼 수 있는 것은 아닌가?

③ 제출한 서류와 관련된 면접 예상 질문

지원자의 서술 내용에 따른 면접관의 질문을 예상하면 보다 좋은 면접 대비를
할 수 있다. 서술 내용에 따른 면접관의 질문 예시는 다음과 같다.

지원자의 서술		면접관의 질문 예시
사고방식, 원칙 저는 이렇게 생각합니다.	→	왜 그렇게 생각합니까? 어떤 행동을 했습니까?
결과, 성과 이런 결과/성과를 이루었습니다.	→	결과/성과를 내기 위해 특별히 노력한 것이 있습니까?
장래 희망 앞으로 이렇게 하고자 합니다.	→	그것을 이루기 위해서 지금까지 어떤 준비를 해 왔습니까?
행동 주체 불명확 함께 이렇게 했습니다.	→	본인은 어떤 역할을 수행했습니까?
상황 설명 이런 어려운 상황이었습니다.	→	상황을 어떻게 해결하려고 했습니까? 상황을 어떻게 해결했습니까?
비판 이런 것이 잘못되었다고 생각합니다.	→	고칠 수 있다고 생각합니까? 잘못된 점을 어떻게 고쳤습니까?

영재교육원 면접 기출문제

01   인성 면접 기출문제

❶ 영재교육원에 지원한 동기를 말해 보세요.

❷ 영재교육원이 자신에게 어떤 도움이 되는지 말해 보세요.

❸ 20년 후에 어떤 사람이 되어 있을지 말해 보세요.

❹ 다른 영재교육원에 시험을 본 적이 있나요? 왜 이곳을 지원했는지 말해 보세요.

❺ 영재교육원에 다니면서 어떤 방법으로 공부할 계획인지 말해 보세요.

❻ 영재교육원에 다니는 학생에게 필요한 것을 3가지 말해 보세요.

❼ 월요일에 중요한 시험이 있는데 토요일에 영재교육원 수업이 있습니다. 어떻게 할지 말해 보세요.

❽ 영재교육원 수업과 집안 행사가 겹쳤습니다. 어떻게 할지 말해 보세요.

❾ 자신이 창의적으로 문제를 해결한 경험을 말해 보세요.

❿ 자신의 장점을 말하고 영재교육원에서 자신의 장점을 어떻게 살려 수업에 참여할 것인지 말해 보세요.

⓫ '세 살 버릇이 여든까지 간다.'라는 속담이 있습니다. 자신이 장래희망을 이루기 위해서 길러야 할 습관을 이유와 함께 말해 보세요.

⓬ 가장 감명 깊게 읽은 책을 말하고 이유를 말해 보세요.

⓭ 자신이 가장 존경하는 과학자(수학자, 인물)를 말해 보세요. 그 과학자(수학자, 인물)의 업적과 그 업적이 우리 생활에 미치는 영향을 말하고, 존경하는 이유를 말해 보세요.

⓮ 친구와 함께 내일까지 자유탐구 보고서를 제출해야 합니다. 만약 친구가 제출 날짜를 미룬다면 나는 어떻게 할 것인지 말해 보세요.

⓯ 학교에서 산출물대회를 해야 한다면 하고 싶은 역할과 그 역할을 맡은 사람이 해야 할 일에 대해 말해 보세요.

⓰ 수학(과학, 영어)을 못하는 친구가 같은 반에 있다면 어떻게 수학(과학, 영어)을 좋아하게 만들 수 있을지 말해 보세요.

⓱ 친구가 화났을 때 풀어 주는 방법을 말해 보세요.

⓲ 요즘 비둘기는 유해 동물에 포함됩니다. 날개를 다친 비둘기가 길바닥에 있다면 어떻게 할지 말해 보세요.

⓳ 민수는 시험을 보던 중 공부한 것이 기억이 나지 않아서 고민하고 있는데 마침 옆자리 친구의 시험지가 보여 커닝을 했습니다. 만약 나라면 어떻게 했을지 말해 보세요.

⓴ 불조심 포스터 그리기 대회를 했습니다. 짝꿍이 그림을 잘 그려 최우수상을 탈 것이라고 생각했지만 선생님께서는 나의 그림도 잘 그렸다고 칭찬하셨습니다. 완성된 그림을 제출하러 가다가 실수로 짝꿍의 물통을 엎어서 짝꿍의 그림이 엉망이 되었습니다. 이 상황을 어떻게 해결할지 말해 보세요.

❶ 생활에서 나눗셈이 사용되는 경우를 5가지 말해 보세요.

❷ 수학의 원리와 관련된 물체를 3가지 찾고 이유를 말해 보세요.

❸ 숫자 '0'은 무엇을 의미하는지 말해 보세요.

❹ 5를 6번 사용하여 1~10까지 수를 만들어 보세요.

❺ 벽면을 장식하는 타일에 왜 정오각형 타일을 사용하지 않는지 이유를 말해 보세요.

❻ 수학적으로 가장 아름답거나 실용적이라고 생각하는 수학 공식 한 가지를 선택하고 이유를 말해 보세요.

❼ 10만 명의 사람 중에는 생년월일이 달라도 태어난 시각, 분, 초가 똑같은 사람들이 반드시 두 명 이상 있을까요? 자신의 생각을 말해 보세요.

❽ 삼각형의 세 내각의 크기의 합이 180°라는 것을 여러 가지 방법으로 말해 보세요.

❾ 도심 사진을 보고 수학적으로 알 수 있는 것을 3가지 말해 보세요.

❿ 수학이 왜 재미있는지 말해 보세요.

⓫ 수학이란 무엇인가요? 우리가 수학을 배워야 하는 이유를 말해 보세요.

⓬ 다음 순서에 나올 수 있는 경우를 5가지 말해 보세요.

> ☆-○-△-○-?

⓭ 다음과 같은 7개의 알파벳을 다양한 기준으로 분류해 보세요.

> A E I L H O S

⓮ 네 사람 A, B, C, D가 두 사람씩 짝을 지어 서로 다른 두 장소로 가려고 합니다. 갈 수 있는 모든 경우를 구하고 방법을 말해 보세요.

⓯ 세계 인구는 약 60억 명입니다. 약 60억 명이라는 자료를 얻을 수 있는 방법을 3가지 말해 보세요.

⓰ 지구 온난화로 인해 태풍, 가뭄, 홍수, 해수면 상승 등 여러 가지 현상이 발생하고 있습니다. 지구 온난화로 인해 발생하는 현상이 사회 혼란을 초래하기까지 얼마나 걸릴지 말해 보세요.

❶ 과학자에게 필요한 조건 3가지를 이유와 함께 말해 보세요.

❷ 과학자가 된다면 어떤 분야에서 무엇을 연구하고 싶은지 말해 보세요.

❸ 과학이 왜 재미있는지 말해 보세요.

❹ 과학이란 무엇인가요? 우리가 과학을 배워야 하는 이유를 말해 보세요.

❺ 예술 세계에서 찾을 수 있는 과학을 말해 보세요.

❻ 어두운 곳을 밝히는 촛불과 전구의 차이점을 5가지 말해 보세요.

❼ 공기가 부피가 있다는 것을 실생활에서 증명할 수 있는 방법을 5가지 말해 보세요.

❽ 전쟁을 위해 아주 위험한 무기를 개발했습니다. 내가 무기를 개발했다고 한다면 어떤 무기였을지 말해 보세요.

❾ 소금과 설탕을 잘게 부수어 물에 녹였습니다. 맛을 보지 않고, 설탕과 소금을 구분하는 방법을 3가지 말해 보세요.

❿ 요즘 대기오염으로 인한 지구 온난화로 많은 문제가 발생하고 있습니다. 원인과 대책을 말해 보세요.

⓫ 해수면이 상승할 때 어떤 일이 생길지, 그것을 막기 위해 어떻게 해야 하는지 말해 보세요.

⑫ 우리나라는 물 부족 국가입니다. 이를 해결하기 위한 방법을 말해 보세요.

⑬ 에너지는 보존되는데 우리는 왜 에너지를 아껴야 하는지 말해 보세요.

⑭ 한 달 동안 집에 전기가 들어오지 않는다면 어떻게 생활해야 할지 말해 보세요.

⑮ 내가 달에 갈 수 있다면 달에서 하고 싶은 실험을 3가지 말해 보세요.

⑯ 금성에서 사람이 살 수 있도록 환경을 변화시킬 수 있는 방법을 3가지 말해 보세요.

⑰ 우주여행을 할 수 있다면 어디로 가고 싶은지 이유와 함께 말해 보세요.

⑱ 나무에서 떨어진 나뭇가지는 생물인지 무생물인지 이유와 함께 말해 보세요.

⑲ 공룡, 펭귄, 비버, 곰, 여우가 한곳에서 살 수 없는 이유를 말해 보세요.

⑳ 심해에서 살기 위해 필요한 것을 이유와 함께 말해 보세요.

㉑ 동물이 추운 겨울이 오기 전에 먹이를 많이 먹어서 두꺼운 지방층을 만드는 이유를 말해 보세요.

㉒ 바닥 거북이 육지에서 태어나 바다로 돌아가는 이유를 말해 보세요.

㉓ 두꺼운 지방층과 같은 역할을 하는 사물을 2가지 말해 보세요.

㉔ 생활 속에서 물의 상태 변화를 활용할 수 있는 예를 3가지 고르고 각각의 이유를 말해 보세요.

❶ 칠판의 좋은 점과 나쁜 점을 찾고, 나쁜 점을 어떻게 보완하면 좋을지 말해 보세요.

❷ 선풍기, 에어컨, 부채 중 하나를 골라 장점과 단점을 이야기하고, 단점을 개선할 수 있는 방법을 말해 보세요.

❸ 7가지 스캠퍼 기법(대체하기, 결합하기, 조절하기, 변경/축소/확대하기, 용도바꾸기, 제거하기, 역발상/재정리하기)을 스마트폰에 적용할 수 있는 아이디어를 말해 보세요.

❹ 다음의 과제를 주어진 조건에 맞추어 해결해 보세요.

> 당신의 모둠원은 배를 타고 가다가 폭풍을 만나게 되었습니다.
> 주변의 재료를 활용해 모둠원들이 모두 쉴 수 있는 구조물을 만들어 보세요.
> 재료: 신문지 30장, 박스테이프 2개, 칼, 종이컵 20개

❺ 진동을 이용한 물건을 5가지 말해 보세요.

❻ 빛을 이용한 물건 중 1가지를 선택해 단점을 말하고 그 단점을 보완하여 새로운 발명품을 만들어 보세요.

❼ 청각 장애인에게 소리를 알게 할 수 있는 방법을 말해 보세요.

❽ 비닐하우스의 비닐을 재활용할 수 있는 방법을 말해 보세요.

❾ 아프리카에는 전기가 잘 들어오지 않습니다. 세탁기 없이 세탁할 수 있는 방법을 말해 보세요.

❶ 서로 다른 단위를 사용하여 문장을 3개 만들어 보세요.

❷ SNS에 있는 기능들의 단점을 말해 보세요. 또, SNS에 추가되었으면 좋을 기능들을 말해 보세요.

❸ 정사각형 4개로 이루어진 단순 폴리오미노를 최대한 많이 그려 보세요.

❹ ○○ 대학교 영재교육원에는 두 개의 학급이 있습니다. 각 학급에는 100명의 학생들이 있고, 운동장에는 각 학급의 학생들이 키가 작은 순서대로 두 줄로 서 있습니다. 학생들은 각자의 반에서 몇 번째로 키가 큰지 쉽게 알수 있지만 전체에서는 몇 번째인지 알기 쉽지 않습니다. 전체 200명의 학생 중 10번째로 키가 작은 학생을 가장 짧은 시간에 찾을 수 있는 방법을 말해 보세요. (단, 키가 같은 학생은 없고, 두 학생의 키를 비교하는 데 걸리는 시간은 1분입니다.)

❺ 타조알이 얼마나 단단한지 실험하기 위해 32층 빌딩 앞에 왔습니다. 타조알이 2개 있다면 타조알이 몇 층부터 깨지는지 알아내기 위해 최대 몇 번의 낙하 실험을 해야 하는지 말해 보세요.

Ⅳ 자기소개서 작성 요령

01 자기소개서

자기소개서는 자신을 소개하는 글이다. 어떻게 자라왔고, 미래의 목표를 위해 현재 무엇을 하고 있으며, 장래 계획은 무엇인지 서술한다. 따라서 과거와 현재, 미래가 일관되고 유기적으로 조합되어 있어야 자신을 잘 드러낼 수 있다. 자기소개서는 꾸밈없이 진솔하게 작성해야 한다. 거짓이나 과장이 들어 있으면 안 된다. 자신을 돋보이려고 화려하게 꾸미는 것도 좋은 결과를 낼 수 없다. 자기를 소개하는 글을 써 본 적이 없는 학생들이 갑작스럽게 자기소개서를 작성한다는 것은 굉장히 부담스럽고 어려운 일이다. 그러나 자기소개서는 반드시 자신이 직접 써야 한다. 자기소개서를 잘 작성하려면 논술처럼 선생님의 지도만으로는 어렵다. 스스로 작성하지 않고 다른 사람의 도움을 받아 글을 작성한 경우는 심층 면접 과정을 통해 고스란히 밝혀질 수밖에 없다. 그러므로 평소에 자기 자신을 잘 나타낼 수 있도록 수시로 글을 써 보고, 쓴 글을 수정하는 노력이 필요하다.

02 자기소개서를 쓰는 이유

영재교육원에서 자기소개서를 요구하는 이유는 무엇일까? 자기소개서는 학생 생활기록부만으로는 평가할 수 없는 지원자의 능력을 보다 객관적으로 세밀하게 파악할 수 있는 방법이다. 가정환경이나 성장 과정으로 개인의 성격이나 가치관을 파악할 수 있으며, 지원 동기로 지원자의 열정과 장래성을 알 수 있다. 따라서 자기소개서에 일반적이고 추상적인 문구를 나열하기보다는, 자신의 강점을 뒷받침해 줄 수 있는 구체적인 일화나 경험이 있으면 좋다.

03 자기소개서를 쓰기 전에 해야 할 일

자기소개서를 쓰기 전에, 먼저 준비해야 할 것이 있다. 자신의 진로에 대한 확실한 목표를 정해야 한다. 나는 왜 영재교육원에서 공부하고 싶은지, 영재교육원 수업이 나의 진로에 어떠한 도움이 되는지, 나는 장차 무엇이 될지에 대한 확실한 목표가 있어야 한다. 자신의 진로에 대한 고민과 분명한 목표를 가지고 있으면 일관성 있는 자기소개서를 작성하기 쉽다. 또한, 분명한 목표를 가지고 준비하는 사람만이 합격의 영광을 맛볼 수 있다.

진로에 대한 뚜렷한 목표가 있어야 성공에 대한 기대치가 크게 나타나며, 자신을 발전할 수 있게 만든다. 영재교육원에서도 목표 의식이 분명하고 자신의 진로에 대해 고민을 많이 한 학생을 선호하고 선발할 것이다.

04 자기소개서 작성 요령

① 스토리텔링 기법을 활용하자

스토리텔링 기법을 이용하면 자신의 진솔한 이야기와 경험을 살려 면접관에게 나의 이야기를 들려줄 수 있고, 다른 사람과는 다른 경험을 통해 나만의 독특한 이미지를 만들 수 있다. 그러나 자기소개서 전체를 이러한 사례들로 나열해서 작성하면 안 된다. 자신의 강점이나 차별성을 잘 보여줄 수 있는 항목에 적당한 사례를 추가하는 것이 좋다.

② 자기소개서의 특징을 파악하자

항목별로 적합한 내용을 적어야 하고, 전체적으로 내용이 일관되어야 한다. 추상적 사건을 나열하다 보면 정신만 없고 내용 전달이 어려워진다. 한 가지 또는 두 가지 사례를 구체적으로 적어, 읽는 이로 하여금 신뢰감이 생기고 감동하도록 해야 한다.

③ 성장 과정을 기록하자

가족 구성원의 특성, 가정 분위기 및 집안의 자랑거리, 부모님으로부터 얻은 교훈과 깨달음 등을 적는다. 단순히 나열하여 쓰기보다는 특별한 사건과 그로 인해 얻은 경험을 진솔하게 적는 것이 좋다. 처음 과학이나 수학에 흥미를 느낀 사례나 해당 분야와 관련 있는 집안의 분위기를 써도 좋다.

④ 지원 동기를 구체적으로 적자

지원 분야에 관심을 가지게 된 사건이나 계기, 관심 있는 분야에 관한 자신의 활동이나 노력 등을 구체적으로 적는다. 이는 자신이 지원한 분야에 얼마나 큰 관심이 있으며, 이를 위해 꾸준히 어떠한 활동을 해 왔다는 것을 보여준다. 단순히 영재교육원에 합격하는 것이 목적이 아니라, 내가 관심 있는 분야를 공부해 나가는 과정에서 영재교육원이 더 큰 도움이 될 것이라는 흐름으로 적는 것이 좋다. 지원 동기에는 자신의 열정이 나타나야 하고, 앞으로 어떤 일들을 하고 싶다고 반드시 표현해야 한다.

⑤ 의미 있는 경험과 노력을 적자

의미 있는 경험과 노력은 대부분 지원 동기와 연결된다. 지원 동기에서 노력과 활동을 하게 된 계기, 이유 등을 간단히 밝혔다. 그러므로 여기서는 다양한 활동과 노력을 강조하기보다는 의미 있다고 생각하는 경험과 자신의 노력 중 한두 가지를 골라 구체적으로 적는다. 경험의 내용뿐만 아니라 그 이후의 느낀 점이나 변화된 점을 적으면 더욱 좋다.

⑥ 자신의 관심 분야를 적자

관심 분야를 서술하는 문항은 지원 동기, 학업 계획, 진로 관련 문항과 연결되므로, 이들은 모두 반드시 유기적으로 연결되어야 한다. 관심을 가진 계기나 이유를 사례 형태로 작성하고, 이에 대한 증거로 독서나 체험 활동을 제시하거나 각종 대회에 참가한 경험 또는 수상 경력을 간단히 언급하면 좋다. 일회성으로 대회에 참가하거나 수상하는 것보다는 계속된 참가와 수상이 더 신뢰를 줄 수 있다.

⑦ 학업 계획과 진로를 적자

학업 계획과 진로는 지원 동기와 연결되는 문항으로, 내용이 서로 연결되도록 적어야 한다. 지원 분야 중 관심 있는 분야와 진로를 먼저 제시하고, 자신이 이것을 이루기 위해 어떠한 계획과 활동을 하고 있는지 적는다. 면접관들은 이 문항을 통해, 지원 분야에 대한 심화학습 정도를 알 수 있다.

⑧ 장점과 단점을 솔직히 적자

장점은 구체적으로 적어야 하고, 너무 많은 장점을 장황하게 나열하는 것보다 강한 장점을 한두 가지만 적는 것이 좋다. 지원 동기나 다른 문항에서 학업적 역량에 관한 장점을 적었다면, 여기서는 열정, 노력, 끈기, 몰입도 등 인성적인 측면을 강조하면 좋다. 자신의 장점이 크게 작용된 사례를 적으면 좋다.
단점은 이를 극복하기 위해 어떻게 노력하고 있는지를 사례로 적으면 강한 인상을 줄 수 있다.

⑨ 자기소개서에 특별한 제목을 붙이자

면접관들은 수십, 수백 개의 자기소개서를 읽는다. 수많은 자기소개서 중에서 자신의 자기소개서가 눈에 띌 수 있도록, 자신을 압축하여 잘 표현할 수 있는 특별한 제목을 붙여 본다.

⑩ 키워드를 찾아 일관성 있게 쓰자

자기소개서에는 다양한 항목이 있다. 항목별로 자신의 답변을 주요 키워드로 요약했을 때, 각 키워드가 약간의 관계성을 가지고 서로 연결되어 있으면서 전체적으로 모든 키워드가 일관성이 있어야 한다. 아무리 좋은 글을 썼다 해도 전체적인 통일감이 없다면 진실성이 드러나지 않기 때문이다. 따라서 자기소개서는 기본적으로 구체적이고, 진실성이 있어야 하며, 전체적인 일관성이 있어야 한다.

⑪ 자기소개서를 작성한 후에는...

작성한 글이 매끄럽게 읽어지는지 확인하고, 맞춤법 및 띄어쓰기를 확인해야 한다. 여러 번 반복하여 읽어 보고, 수정·보완한다.

05 자기소개서 샘플

① 지원 동기

우리 과학영재교육원이 지원자를 선발해야 하는 이유를 지원 동기 및 장래 희망을 중심으로 기술하고, 본 과학영재교육원의 교육을 통하여 지원자가 자신의 성장에 기대하는 바를 기술하시오. (띄어쓰기를 포함하여 자필로 400자 이내로 작성하시오.)

저는 비닐하우스에서 방울토마토를 재배하시는 외할아버지 댁에서 방울토마토가 자라고 꽃이 피면 나비와 벌대신 붓으로 꽃의 암술과 수술을 찍어 주면 토마토가 열리고 자라 익는 모습을 보면서 식물에 관심을 가지게 되었습니다.
식물들을 관찰하다보니 과학을 더 좋아하게 되었고 식물학자라는 큰 꿈도 생겼게 되었습니다. 그래서 저는 식물과 우리 인간들이 공존하며 살아야하는 세상을 만들기 위해 우물안 개구리가 아닌 넓은 세상에서 더 많은 전문적인 심화된 공부를 하고 싶어 지원하게 되었습니다.
공자님 말씀중에 아는자는 좋아하는 자만 못하고, 좋아하는 자는 즐기는자만 못하다고 합니다. 저는 아주 사소한 실험과 탐구라도 신기하고 재미 있습니다. 제가 만일 과학영재교육원에 합격하게 된다면 공부도 즐겁게 하며 과학지식도 쌓고 인류를 멸망으로부터 구하고 싶습니다. ②   ①

---

① 독서나 탐구 등 혼자 스스로 연구할 수도 있는데, 왜 꼭 과학영재교육원에서 공부하고 싶은지, 과학
영재교육원에서 무엇을 하고 싶은지 구체적으로 언급하는 것이 좋다.
② 인류를 멸망으로부터 구하고 싶다는 의미를 좀 더 구체적으로 적는다.

② 지원 분야에 대한 노력

지원 분야와 관련된 능력 계발을 위해 현재까지 어떤 노력을 해 왔으며 앞으로 무엇을 어떻게 할 것인지를 기술하시오. (띄어쓰기를 포함하여 자필로 400자 이내로 작성하시오.)

저의 꿈은 식물학자이지만 전반적인 과학공부를 위해서 교육청영재교육원, 중부 발명교실, 교내에서는 발명 영재단에서 과학활동을 하고 있습니다. 과학관과 박물관을 다니면서 꾸준히 체험과 실험과 탐구도 하고 있습니다. 그리고 저는 책 읽기를 좋아하는 저는 풀도감, 약초도감, 내일은 실험왕, WHY 시리즈 책을 가장 좋아하고 1학년때 부터 독서왕을 했으며 2학년과 4학년때 독서골든벨도 두 번을 울리기도 했습니다. 앞으로도 과학분야뿐 아니라 수학 공부도 열심히 하고, 역사, 미술, 음악에도 과학의 원리가 있듯이 모든 방면에서 성실하게 나의 꿈을 위해 한발짝 한발짝 다가가기 위해 탐구하고 지성도 겸비한 항상 열심히 노력하는 사람이 되겠습니다. 모든 방면에서 성실하게

(손글씨 교정) 을 하고 / 며, 그 중에서도 / 합니다. 그 외에도 다양한 많은 책을 읽어서 / 을 / 분야도 열심히 공부 / 으므로 / 에

①
②

---

① 왜 이 책들을 좋아하는지 이유를 간단히 적으면 좋다. 풀도감과 약초도감을 어떻게 활용하는지 적어도 좋다.

② 다음과 같이 수정해도 좋다.
- 주위에서 접할 수 있는 다양한 분야를 과학적으로 생각하고 탐구하는 사람이 되려고 노력하겠습니다.
- 수학, 역사, 미술, 음악에도 과학의 원리가 있으므로 앞으로 과학 분야뿐 아니라 나의 꿈에 한 발짝 다가가기 위해 모든 방면에서 성실하게 탐구하여 지성을 겸비하고 항상 열심히 노력하는 사람이 되겠습니다.

지원 분야와 관련된 능력 계발을 위해 앞으로 무엇을 할 것인지에 관해 단순히 '열심히 하겠다.'보다는 좀 더 구체적인 계획을 적는다.

③ 자신의 강점과 약점

자신의 강점(일반 학생보다 뛰어나다고 여기는 점)과 약점(보완이 필요한 점)에 대하여 자세히 기술하시오. (띄어쓰기를 포함하여 자필로 400자 이내로 작성하시오.)

저의(우리) 학교에서는 매년 학년 반별(학년별로 반대항) 티볼대회가 열립니다. 저는 티볼대회가 열리면 마분지에 경기판을 그리고 작고 길쭉한 포스타잇(트)으로 여학생 이름과 남학생이름을 적어 흑색 바둑알과 백색 바둑알에 붙여 학교에 가져 갑니다. 제가 만든 경기판과 친구들 이름 바둑알(을 붙인)로 공격 번호와 수비를 친구들과 함께 의논하면서 작전을 짜는데 제가 이끄는대로 잘 따라와 주고 도와 주는 것 같습니다. 그래서 저의 강점은 강한 리더십이라고 생각합니다.

저는 성격이 급해 과제를 빨리해서(빨리 끝내려고 해서) 어이없는 실수를 하기도 합니다. 그래서 요즘 은 글씨도 정자체로 쓸려(려)고 노력하고 좀 더 꼼꼼하게 볼려(보)고(문제를) 노력하고 있습니다. 지금부터 노력하면 중,고등학교때에는 저의 이 빠른 속도가 신속하고 정확한 ①나(저)의 강점이 되도록 노력하겠습니다(될 수도 있을 것입니다).

---

① 약점을 고치기 위해서 어떤 노력을 하고 있는지 구체적으로 적는 것이 좋다.

자신이 서울교대 과학영재교육원에 지원하기까지 가장 큰 영향을 미친 분에게 배운 내용 또는 영향받은 내용을 기술하시오.

– 시기와 관계없이 본인에게 가장 큰 영향을 미친 분을 선택하면 됩니다. 현재 직접 만나고 있는 분이 될 수도 있고, 책을 통해 알고 있는 분이 될 수도 있습니다. (예: 과학 교과 선생님, 페르마, 스티브 잡스 등)

– 분량은 띄어쓰기를 포함하여 자필로 400자 이내로 작성하시오.

제가 과학자(식물학자)의 꿈을 안고 가장 좋아하는 분은 우장춘박사입니다. 우장춘 박사님은 고아라는 어려운 환경속에서 자라 우리나라연구소장으로 임명되산 타음 개량무, 개량배추등 여러 가지 품종을 만드신후 그 종자로 가난하던 국민들을 살리셨습니다. 저도 여러 가지 식물들을 교합하고 종자들을 개발해서다시 농업이 활발하게 이루어질수 있도록 이바지하고 싶고 풀과 산나물등에서 얻을 수 있는 성분들로 암과 감기 바이러스를 정복할 수 있는 식물들을 연구하고 싶습니다.

① 문제에서 제시한 400자 분량에 맞춰야 한다. 우장춘 박사님으로부터 영향을 받은 내용을 좀 더 보충하는 것이 좋다.

⑤ 탐구과제

자신이 이제까지 공부한(또는 공부하고 있는) 내용 중 가장 흥미로웠거나 해결한(알고 난) 후에 가장 자랑스러웠던 문제 또는 탐구과제는 무엇이었는지 기술하시오.

– 그동안 자신이 풀어 보았던 가장 어렵거나 복잡한 수학 문제나 퍼즐, 자신이 관찰한 동물/식물 관찰 일지, 자신이 직접 프로그래밍한 소프트웨어 등

– 분량은 띄어쓰기를 포함하여 자필로 800자 이내로 작성하시오.

저는 전에 동물들에게 병걸리지 않고 잘 자라도록 항생제를 먹이고, 콩나물이 잘 자라도록 비료를 주고 기른다는 뉴스를 본적이 있습니다. 그래서 생각했습니다. 우리가 사먹는 콩나물과 배추에도 항생제나 썩지 않게 방부제를 넣어 키우는 것은 아닌지, 그런걸 주고 키우면 어떤 변화가 일어나는지 알아보고 싶어우리가 먹는 항생제와 가공식품에 들어가는 방부제(소르빈산칼륨, 프로피온산나트륨)를 사용하여 사람이 먹는 항생제나 방부제가 식물에 미치는 영향이라는 주제로 탐구를 하게 되었습니다. 콩나물에 물과 항생제와 방부제를 2mL 4mL 6mL씩 주고 2주 동안 관찰하고, 2차 실험으로 콩나물에 싹을 틔운후 물과 항생제와 방부제를 2mL, 4mL, 5mL 씩 주어 관찰하였습니다. 그 결과 물은 생각보다 잘 자라지 않았고, 항생제는 잘 자랐고 방부제는 싹도 나지 않고 상할려고 색깔이 변하고 냄새가 났습니다. 2차 실험 결과는 물에 잘 자랐고 항생제도 조금 잘 자랐으며 방부제는 역시 꼬리가 갈색으로 변해 자라지 못했습니다. 사람이 먹는 항생제는 식물을 잘 자라게 했고 방부제는 상하지 않게 해 주지 못했으며 우리가 먹는 방부제인데도 냄새도 안 좋고 사용할 때 주의가 필요하다는 것이 이해가 가지 않았습니다.

저는 이 주제로 중부학생탐구대회에서 금상을 수상하였고, 콩나물에 배추실험을 보완하여 서울시학생탐구대회에서 우수상까지 받게 되어 저에게는 가장 자랑스러운 탐구과제입니다.

① 이해가 더 잘 되도록 1차 실험과 2차 실험을 분리해서 적는 것이 좋다.

Q

○○○ 학생의 자기소개서 총평은?

○○○ 학생의 자기소개서에서는 평소 주위 식물에 큰 관심이 있으며, 식물이 자라는 데 영향을 미치는 요인들을 직접 탐구해 보았다는 점이 눈에 띄었다. 과학을 좋아하고, 자신의 장래 희망을 위해 열심히 노력하는 모습을 느낄 수 있었다. 그러나 한 문장이 너무 길고, 문장 간의 연결이 부자연스러워서 글의 흐름이 매끄럽지 못하다. 문장이 길어지면 의미가 모호해질 수 있다. 앞으로 글을 적을 때는 짧고 간결한 문장으로 쓰고, 접속사를 적절히 활용하길 바란다. 자신의 글을 여러 번 반복하여 읽어보고 수정한다면, 더 좋은 자기소개서가 될 것이다.

Ⅴ 영재성 입증 자료

01 영재성 입증 자료

영재성 입증 자료는 지원자의 능력, 관심, 성취도를 나타내는 산출물이다. 발명품, 실험 및 탐구일지나 기록, 수학·과학 분야 블로그 운영 등의 각종 산출물로, 지원자의 영재성과 잠재력을 입증할 수 있다. 영재성 입증 자료는 짧은 기간에 준비하기 쉽지 않다. 영재교육원이나 과학고를 준비하는 학생들에게 서류 전형에서 중요한 요소이므로, 평소에 오랫동안 남들과는 다른 독창적인 것을 미리 준비해 두는 것이 좋다.

02 영재성 입증 자료 작성 요령

1 자신이 직접 작성하자

서류 심사 중에 원본을 봐야겠다고 판단되는 경우에는 추가 제출 요구가 있을 수도 있다. 그러므로 부족해 보일지라도 본인이 스스로 한 것 중에서 골라야 한다.

2 자기소개서와 연결하자

지원자의 특별한 장점과 영재성을 부각할 수 있어야 한다. 자신을 어필할 수 있는 자료를 선택해 자기소개서 또는 추천서의 내용과 일관되게 작성해야 한다.

③ 일관되고 지속적인 자료가 열정을 보여준다

영재성 입증 자료는 관심 영역에 대한 학습의 확장이다. 1년 이상 한 분야를 공부하면서 궁금했던 내용을 조사하고 실험하는 등 다양한 방법으로 문제를 해결한 흔적이 드러나 있는 자료나 관심 분야의 독서 기록물 등이 과제집착력을 보여주기에 좋다.

④ 결과보다는 과정을 부각하자

자료의 결과만 제시하는 것보다 이를 완성해 내는 과정에서의 구체적인 노력을 서술하는 것이 좋다. 그 과정에서 느낀 점, 배운 점, 그 경험을 바탕으로 고민한 미래의 모습 또는 목표의 변화 과정을 자세히 서술한다. 경시대회의 수상 실적을 영재성 입증 자료로 제출하는 것은 안 되지만, 대회를 통해 자신의 탐구 결과를 소개하거나 그 과정이 본인에게 어떤 의미가 있었는지에 대한 자료는 제출할 수 있다.

⑤ 독창성과 진실성이 엿보이는 자료를 찾자

독창적인 자료란 콜럼버스의 달걀처럼 '단순하고 쉬워 보여 누구나 쉽게 할 수는 있지만, 아무나 할 수 없는 문제'에 호기심을 가지고 다가선 것을 말한다. 우리 주위의 여러 현상을 관찰하고 호기심이 생기는 주제를 선택한 후, 원인을 조사하고 자신의 교육과정에 해당하는 지식으로 검증하는 과정을 다루는 것이 좋다.

⑥ 영재성 입증 자료로 가능한 것을 찾자

자신의 능력이나 관심 및 성취도를 나타낼 수 있는 자료를 찾아야 한다. 대학 부설 영재교육원 탐구활동, 학교 과학경진대회 등에서 발표한 탐구자료, 실험, 관찰보고서, 각종 발명대회에 출품한 발명품, 과학 관련 체험 행사나 캠프 등에 참가한 경험이나 수상 기록 등이 실린 신문 기사 스크랩, 집에서 진행한 관찰일지, 수학 및 과학 관련 도서 독후감 등이 해당한다. 위와 같은 실적이 없는 경우에는 각 대회 출전 준비 과정 및 출전 경험을 기록해도 좋다. 준비 과정에서 어떠한 노력을 했는지, 준비하면서 어떤 부분이 향상되었는지 기록한다. 영재교육원이나 올림피아드와 같은 대회의 실적을 영재성 입증 자료로 직접적으로 제시할 수는 없지만 영재교육원이나 영재학급에서 한 보고서 및 활동지는 활용할 수 있다. 영재성 입증 자료는 학생의 결과만 보는 것이 아니라 과정을 중요시하는 평가 방식이므로, 현재까지 공부한 내용에 대한 노력의 흔적을 보여줄 수 있는 것으로 준비하는 것이 좋다.

⑦ 영재성 입증 자료로 사용할 수 없는 것을 알아두자

올림피아드와 같은 경시대회 입상 실적, 영재학급이나 영재교육원 수료증, 수학·과학·영어·한자 등의 인증 시험 점수, 상장으로 표현되는 자료, 연속성이 없는 예전 자료 등은 영재성 입증 자료로 적합하지 않다.

⑧ 원본 및 산출물을 촬영한 사진을 첨부한다

영재성 입증 자료는 서면으로 제작된 것이어야 한다. 플라스틱 파일이나 외장 메모리 또는 입체적인 자료는 사진으로 대체한다. 산출물을 뚜렷이 확인할 수 있도록 촬영해야 하고, 지원자와 함께 촬영된 사진이 포함되어야 한다.

① 꾸준히 작성한 것

평소 수학·과학에 얼마나 관심과 열정이 있는지를 증명하기 위해 꾸준히 작성한 관찰일기, 수학·과학 관련 도서 독후감, 탐구보고서, 수학·과학 관련 행사나 캠프에 참여했던 경험을 적은 보고서, 수학·과학과 관련된 신문이나 잡지 스크랩, 블로그 활동 등을 활용할 수 있다. 특히, 관찰일기는 사고의 확장 과정을 보여주기에 좋다.

② 수상 실적 이용

단순히 수상 목록과 상장만을 제출하면 안 된다. 다음과 같은 순서로 참가 대회에서 탐구한 내용을 정리하면 좋다.

❶ 탐구 주제 선정 이유

❷ 탐구 동기

❸ 알고 싶었던 점

❹ 탐구를 통한 기대효과

❺ 탐구 방법

❻ 탐구 결과

❼ 느낀 점과 더 알고 싶은 점

Ⅵ AI 면접 온라인 프로그램

01 AI 면접이란 무엇인가?

AI 면접이란 AI가 지원자의 자기소개서를 평가하고 면접을 보기도 하며 이를 통해 지원자에 대한 정보를 제공하는 형식의 면접 방법이다. AI가 지원자의 음성과 영상 정보를 통해 지원자의 호감도, 매력도, 감정 전달 능력, 의사 표현 능력 등을 판단하여 원하는 인재상과의 조합을 파악한다. AI 면접의 장점은 공정성과 객관적 평가가 가능하다는 데 있다. 또한, 장소와 시간의 구애가 없어 원거리에 있는 지원자도 응시할 수 있다. 최근 언택트(Untact)로 불리는 비대면과 비접촉이 확산되는 사회 분위기 속에서 온라인을 통한 대면 방식인 온택트(Ontact)가 활성화됨에 따라 여러 분야에서 AI 면접이 도입되고 있으며, 이후 그 수는 더욱 증가할 것으로 예상된다. AI 면접이 새로운 형태의 면접이라고는 하지만 다행스러운 점은 AI 면접의 준비 과정이 기존의 면접 준비 과정과 완전히 동떨어지지 않은 데 있다. 4차 산업혁명에서 급변하는 기술 트렌드가 면접에도 적용되기 시작한 것으로 생각하면 좋다. 다만, 컴퓨터 앞에서 혼자 이야기를 한다는 것이 조금 어색할 수 있으므로 몇 가지 주의 사항을 확인하고 여러 번 연습하면 AI 면접을 자신감 있게 진행할 수 있을 것이다.

AI 면접 온라인 프로그램은 기본 질문, 인성 관련 질문, 지원 분야(수학, 과학, 융합, 발명, 정보) 관련 질문, 게임의 순서로 크게 4단계로 이루어져 있다.

1 0단계 - 면접 환경 점검

AI 면접에 임하기에 앞서 면접에 집중할 수 있는 환경을 구성하는 것이 중요하다. 꼭 필요한 준비물로는 웹카메라와 헤드셋(또는 이어폰과 마이크)이 있어야 하고, 크롬으로 접속해 응시해야 하므로 크롬 브라우저도 미리 준비하는 것이 좋다. 면접 전 주변 환경을 정리 정돈하고, 단정한 차림으로 면접에 임해야 한다. 또한, AI 면접은 얼굴 인식과 음성 인식이 기반이 되어야 하므로 미리 면접 사이트에 들어가서 사전 테스트를 해 보는 것이 좋다.

2 1단계 - 기본 질문

모든 지원자가 공통으로 받게 되는 질문이다. 기본적으로 자기소개, 지원 동기, 성격의 장단점 등으로 구성되어 있다. 이는 대면 면접에서도 높은 확률로 받게 되는 질문이기에 당연히 준비해야 한다. 같은 질문이라면 대면 면접에서의 답변과 AI 면접에서의 답변이 같은 것이 정상이다.

③ 2단계 - 인성 관련 질문

인성 관련 질문은 지원자의 사고와 태도 및 행동 특성을 파악할 수 있는 질문으로 지원 분야와 관계없이 공통되는 경우가 많다.

④ 3단계 - 지원 분야 관련 질문

본인의 지원 분야와 관련된 질문이다. 각 영재교육원은 선발 분야가 구분되어 있고, 자신이 지원한 분야에 대한 지원자의 학문적성, 창의성, 과제집착력 등을 알아볼 수 있는 질문이다.

⑤ 4단계 - 게임

다양한 유형의 게임이 출제되고, 정해진 시간 내에 해결해야 한다. 게임이지만 사고력을 필요로 하는 문제로 게임 전에 제시되는 예시 문제를 완전히 이해한 뒤 게임을 진행한다.

AI 면접에서 지원자의 언어와 음성 분석을 AI가 진행하므로 특정한 키워드를 활용해서 답변해야 하며, 긍정적인 언어를 사용해야 한다고 생각하는 사람이 있을 것이다. 그러나 이러한 방식으로 자신을 꾸미는 것은 실질적으로 불가능하며, AI 면접에서는 작은 꼼수가 통하지도 않는다.

AI 면접의 준비 과정은 본질적으로 대면 면접의 준비 과정과 동일하다. 논리적인 답변을 구사하고, 목소리, 어조, 표정이 적절한 지원자는 AI 면접이나 대면 면접에서도 합격 1순위일 수밖에 없다. 그렇다면 어떻게 AI 면접을 준비하는 것이 가장 효과적일까?

AI 면접의 특징을 고려했을 때, '이미지'와 '답변 방법' 두 가지 측면에서 접근이 필요하다.

① 이미지

AI 면접은 동영상으로 녹화되는 만큼 면접 진행 시 면접자의 표정이나 자세, 태도 등에서 나오는 전체적인 이미지가 상당히 중요하다. 좋은 이미지 형성을 위해 미리 준비해 두지 않는다면 어색하고 굳어 있는 표정과 구부정한 자세로 앉아 불안한 눈빛을 보내고 있는 자신을 마주하게 될 것이다. AI 면접에서는 카메라가 얼굴 근육의 포인트 68개를 포착하여 표정에 따른 혈류량과 맥박을 분석하고, 눈 깜빡임이나 눈동자의 움직임, 목소리의 고저, 떨림, 크기 등을 종합적으로 파악한다고 알려져 있다. 따라서 질문에 답변할 때 적절한 표정이나 제스처가 아주 중요하다.

신뢰감 있고, 정직해 보이는 인상을 주기 위해 자연스럽고 부드러운 표정과 정확한 말음은 기본이자 필수 요소이다. AI 면접을 대비하기 위해 기본이 되는 시선 처리, 입 모양, 발성과 발음 등에 대해 간략히 살펴보자.

✎ 시선 처리

눈동자가 위나 아래로 향하는 것은 피해야 한다. 우리는 무언가를 고민할 때 무의식적으로 천장을 바라보거나 바닥으로 시선이 향하고는 한다. 대면 면접의 경우 면접관과 눈을 맞추며 면접을 진행하는 것이 가능하기 때문에 대화의 흐름상 눈동자가 자연스레 움직이는 것은 어느 정도 용인이 된다. 그러나 AI 면접에서는 카메라를 보고 말을 하므로 카메라 대신 자꾸 다른 곳을 바라보거나 이리저리 시선이 분산되는 경우 불안감으로 눈빛이 흔들린다고 평가될 수 있다.

또한, 곁눈질하는 것도 좋지 않다. 눈동자가 정면을 향하고 있지 않을 경우, 모니터 옆에 원고를 붙여놓고 커닝하는 것처럼 보일 수 있기 때문이다. 카메라 렌즈 또는 모니터를 바라보면서 대화를 하듯이 면접을 진행하는 것이 가장 좋다. 시선 처리는 본인 스스로 인지하기 어려운 부분이기 때문에 연습할 때 반드시 동영상을 촬영하여 확인하는 것이 좋다.

✎ 입 모양

입은 대화를 할 때 가장 눈에 들어오는 부분 중 한 곳이다. 입꼬리만 잘 살펴보아도 상대방의 기분이 좋은지, 나쁜지, 우울한지, 슬픈지 등의 파악이 가능해진다. 좋은 인상을 주기 위해서는 입꼬리가 올라가도록 미소를 짓는 것이 좋으며, 이때 입꼬리는 양쪽 꼬리가 동일하게 올라가야 한다. 한쪽 입꼬리만 올라가면 억지로 웃거나 비웃는 듯한 인상을 줄 수 있기 때문이다.

또한, 입으로만 웃는 것은 거짓된 웃음으로 보일 수 있다. 눈과 함께 미소를 지어야 상대방이 기분 좋은 웃음으로 느끼게 된다. 그러므로 입과 함께 눈도 같이 웃는 연습을 해야 한다. 갑자기 웃으라고 하면 자연스럽게 웃을 수 있는 사람은 아무도 없다. 재미있는 사진이나 동영상, 아니면 최근에 재미있었던 일 등을 떠올리며 자연스럽게 미소를 지어 보이고, 그 모습을 기억하여 연습하는 것이 도움이 된다.

사실, 말을 하면서 자연스럽게 미소를 짓기는 쉽지 않다. 절대로 면접 당일에 노력한다고 할 수 있는 부분이 아니며, 화면에 비친 자신의 얼굴을 보며 자연스러운 미소를 짓기란 더욱 어렵다. 그러므로 미소를 지으며 말하는 연습을 미리 해 두어야 한다. 하루에 3분이라도 거울을 보고 미소를 지으며 말하는 연습을 하면 처음에는 생각보다 쉽지 않겠지만 그 시간이 쌓여 자연스러운 미소가 만들어질 것이다.

✐ 발성과 발음

말을 더듬는다거나 '음…', '아…'와 같은 소리를 내는 것은 마이너스 요인이 될 수 있다. 이런 상황은 답변을 생각할 시간 동안 의견을 체계적으로 정리하지 못한 채 답변을 할 때 발생할 수 있는 상황이다. 질문에 생각할 시간을 별도로 주는 것은 답변에 대한 기대치가 올라가는 것을 의미한다. 주어진 시간 동안 빠르게 답변 구조를 잡는 연습을 진행해야 한다.

또한, 평소 말투에서도 말끝을 흐리거나 조사(은, 는, 이, 가, 을, 를, 의, 에, 에게, 로, 으로 등)를 흐리는 습관을 지니고 있거나 자각하지 못하고 있는 경우가 있을 수 있다. 그러므로 미리 자신의 말투와 답변 방식을 녹음 또는 녹화하여 확인해 보는 것이 큰 도움이 된다. 녹음 및 녹화를 통해 부족한 부분을 확인하고, 개선하는 작업을 반복하면서 답변을 명료하고 체계적으로 구사하는 연습이 필요하다.

자신의 이미지를 만드는 시선 처리, 입 모양, 발성과 발음 등은 AI 면접에서만 적용되는 것은 아니다. 대면 면접에서도 지원자의 이미지를 만드는 중요한 포인트가 된다. 그러므로 AI 면접뿐 아니라 이후에도 있을 수 있는 다른 면접을 위해서라도 반드시 연습하는 것이 좋다.

② 답변 방법

AI 면접은 개인별로 다른 질문이 주어지기는 하지만 대부분 비슷한 유형의 질문 패턴으로 진행된다. 따라서 어느 정도 정형화된 질문은 대면 면접과 다르지 않으므로 대면 면접 방식과 동일하게 질문 리스트를 만들고 연습하는 과정이 필요하다. 차이점이 있다면 AI 면접은 질문이 광범위하기 때문에 출제 유형 위주의 학습이 이루어져야 한다는 것이다. 질문에 대한 답변 방법을 단계별로 나누어 보면 3단계로 나누어 볼 수 있다.

✐ 1단계: 유형별 답변 방법을 습득해라!

- 기본 질문: 100 % 확률로 받게 될 질문이므로 본인만의 답변이 확실하게 준비되어 있어야 한다.
- 인성 관련 질문: 대부분 평범한 인성을 파악하는 질문이 아니라 특정한 상황을 어떻게 해결할 것인가에 대한 질문인 경우가 많다. 문제에서 해결해야 할 상황이 무엇인지 파악하고, 창의성이 보이는 답변을 해야 한다.
- 지원 분야 관련 질문: 단순한 사고력을 필요로 하거나 학문적 지식을 확인할 수 있는 내용의 질문보다 실생활과 연계된 질문인 경우가 많다. 또한, 지원 분야에 대한 학문적 지식의 수준을 파악하는 질문보다 진정으로 해당 분야를 좋아하는지 파악할 수 있는 질문으로 변하고 있다. 따라서 자신이 배우려고 하는 과목이 실생활에 어떻게 활용되고 있는지, 생활 속에서 경험한 수학이나 과학 원리, 생활 아이디어 상품 등 지원 분야와 관련한 생활 속 경험이나 사례를 적절하게 활용하고, 자신이 지원한 분야에 학습 동기가 부여되어 있음을 어필해야 한다.

✎ 2단계: 소리 내어 답변하는 연습을 해라!

유형별 답변 구조를 습득했다면, 책에 제시된 Tip이나 예시답안을 보기 전에 질문만 먼저 보고 답변을 해 보는 연습을 하는 것이 좋다. 빠르게 답변의 구조를 잡기 위한 반복 연습 또한 중요하다.

✎ 3단계: 면접에 연기를 더하라!

면접은 연기가 반이라고 해도 과언이 아니다. 가식적이고 거짓된 꾸며진 모습을 보이라는 것이 아니라 상황에 맞는 적절한 행동으로 답변의 효과를 극대화할 수 있는 연기를 하라는 것이다. 보통 면접이 무난하게 흘러가면 무난하게 떨어지고, 특출난 사람이 합격한다. 때문에 하나의 답변을 하더라도 효과적으로 해야 하며, 이러한 효과를 더해 주는 것이 '연기'이다.

Q

이번 면접의 결과가 좋지 못하면 어떻게 할 것인지 말해 보세요.

이러한 질문에 미소를 띠고 있으면 당연히 이상하다고 느껴지지 않겠는가? 조금 굳어진 표정으로 아쉬운 점에 관해 이야기한 후, 비장한 표정으로 변화를 주면 된다. 즉, 답변 내용에 따른 표정 변화가 필요하다. 3단계 연기는 따라 하기 쉬운 내용이 절대 아니다. 대부분 지원자는 질문에 부합하는 답변을 제한 시간 안에 명료하고 체계적으로 생각해내는 것도 어려워하기 때문이다. 1단계와 2단계를 충분히 연습한 후에 연기를 더하는 연습을 하면 면접 합격에 한 걸음 더 다가갈 것이다.

Q

복장은 어떻게 해야 하나요?

복장은 지원자들이 가장 궁금해하는 부분 중 하나이다. AI 면접 시스템 자체가 지원자의 복장까지 평가하지 않는다. 면접이 시작될 때 안면 인식만 제대로 되면 된다. 하지만 단정한 옷차림을 권장한다. 지원자에 대해 심도 있는 검토가 필요할 경우 녹화 파일을 볼 수 있기 때문이다. 물론 모든 지원자의 녹화 파일을 보지 않을 수 있다. 그러나 단정한 차림으로 면접에 임하는 것이 흐트러진 모습보다 면접 진행하는 동안의 태도에도 영향을 줄 것이다.

Q

머리 스타일은 어떻게 해야 하나요? 안경은 써도 되나요?

여학생은 머리를 묶어야 할지 풀어야 할지, 남학생은 앞머리는 올려야 할지, 내려야 할지가 고민일 것이다. 이는 복장에 대한 내용과 같은 맥락으로 생각하면 된다. 면접이 시작될 때 안면 인식만 제대로 되면 되므로 머리 스타일이 문제가 되지 않는다. 안경 착용 여부도 마찬가지이다. 간혹 안면 인식이 잘 안 되는 경우가 있는데, 이때는 얼굴을 최대한 드러내는 방향으로 조치한다.

Q

시선 처리를 어떻게 해야 하나요?

일반적으로 카메라를 보는 것을 추천하나 시선이 자연스럽게 모니터로 가게 될 것이다. 이 부분을 과도하게 신경 쓰면 답변이나 표정에 문제가 생길 수 있으니 편하게 임한다. 게임 문제를 풀 때는 당연히 화면을 보며 문제를 읽고 답을 체크해야 한다.

Q

AI 면접은 어디서 보는 것이 좋을까요?

AI 면접은 장시간 동안 집중할 수 있고, 주변의 방해를 받지 않을 수 있는 곳에서 보는 것이 좋다. 주로 본인의 방에서 면접을 진행하는 지원자들이 많은데, 면접 전에 반드시 주변 정리를 하고 시작하기 바란다. 실제로 어떤 지원자의 경우, 면접을 진행하는 도중 어머니가 방문을 열고 들어오는 것이 녹화되기도 했고, 또 다른 지원자의 경우 반려견이 짖는 소리가 녹음되기도 했다. 완벽하게 자신에게 집중할 수 있는 공간이 있다면 제일 좋지만, 그렇지 못하다면 최소한의 주변 정리를 하고 면접을 시작하자. 또한, 면접 도중 와이파이 신호가 약하거나 중간에 끊김이 발생하는 곳은 피해야 한다.

Q

답변 길이는 어느 정도가 적절한가요?

AI 면접에서 출제되는 문항에서는 보통 30초의 생각할 시간과 60초의 답변 시간이 주어진다. 최대 답변 시간은 60초이나 15초가 넘어가면 '답변 마치기' 버튼이 생성된다. 기본 실문, 인성 관련 질문, 지원 분야 관련 질문 모두 30~40초 정도 답변하기를 추천한다. 그 이상으로 길어지면 답변이 장황해지는 경우가 많다.

Q

대본을 옆에 두고 조금씩 봐도 되나요?

AI 면접에 임하는 자세는 대면 면접과 동일해야 한다. AI가 눈동자의 움직임까지 트래킹하므로 대면 면접보다 비언어적 요소가 더 중요해진다. 따라서 대본을 옆에 두는 것보다는 작성한 대본을 자연스럽게 답변할 수 있도록 연습하는 것이 좋다.

Q

이어폰에 있는 마이크를 사용해도 되나요?

헤드셋을 착용하는 것이 가장 좋겠지만, 이어폰 마이크를 사용하는 것이 노트북의 내장 마이크를 활용하는 것보다는 더 효과적이다. 면접 시작에 앞서 마이크 인식 여부를 테스트하는 단계가 있지만, 사전에 제대로 작동하는지를 확인하고 면접에 임한다.

Q

AI 면접을 볼 때 주의 사항은 무엇인가요?

AI 면접은 독립된 공간 안에서 홀로 컴퓨터 한 대만 앞에 두고 장시간 진행된다. 시간이 지날수록 심리적으로 편해지는 것은 자연스러운 현상이다. 중요한 것은 매 순간 지원자의 음성과 태도가 촬영되고 있다는 사실을 인지하는 것이다. 게임의 문제 풀이가 어렵게 느껴지는 상황에서 자기도 모르게 욕을 내뱉거나 인상을 찌푸린 채로 답변하는 지원자도 있다. 모든 순간이 면접의 일부라는 것을 잊지 말아야 한다.

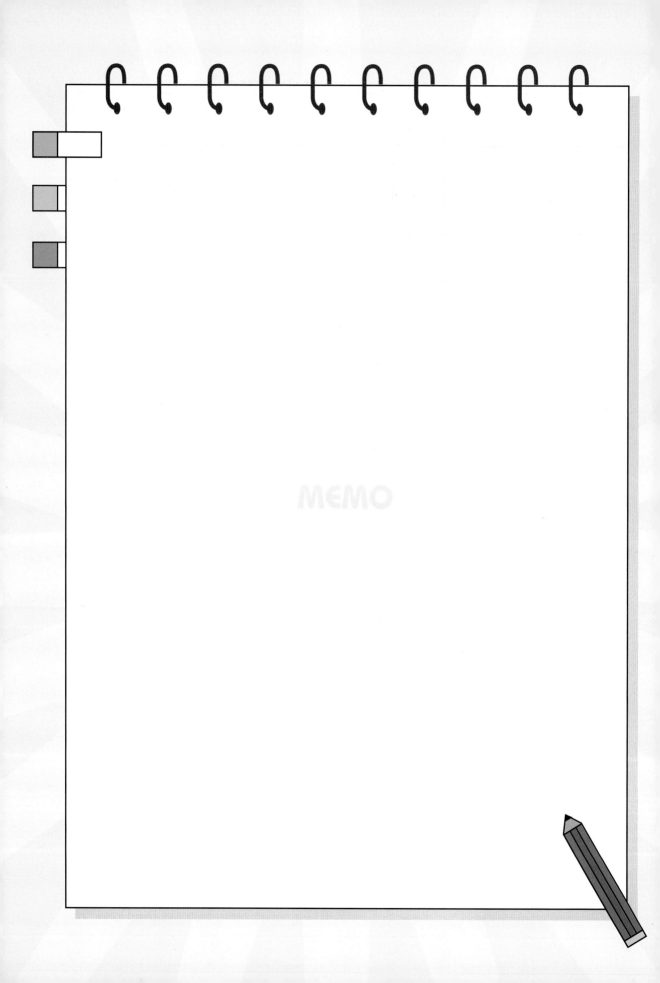

시대에듀와 함께 꿈을 키워요!
www.sdedu.co.kr

안쌤과 함께하는 영재교육원 면접 특강

개정2판2쇄 발행	2025년 01월 10일 (인쇄 2024년 11월 22일)
초 판 발 행	2021년 01월 05일 (인쇄 2020년 10월 22일)
발 행 인	박영일
책 임 편 집	이해욱
편 저	안쌤 영재교육연구소
편 집 진 행	이미림
표 지 디 자 인	조혜령
편 집 디 자 인	채현주 · 윤아영
발 행 처	(주)시대에듀
출 판 등 록	제 10-1521호
주 소	서울시 마포구 큰우물로 75 [도화동 538 성지 B/D] 9F
전 화	1600-3600
팩 스	02-701-8823
홈 페 이 지	www.sdedu.co.kr
I S B N	979-11-383-7182-7 (63400)
정 가	17,000원